合流制溢流模拟分析技术研究

于磊　王丽晶　周星　著

中国水利水电出版社
www.waterpub.com.cn
·北京·

内 容 提 要

本书是《海绵城市建设研究与实践丛书》之一，主要介绍合流制溢流污染模拟分析相关研究成果。主要研究内容包括概述、基于网厂河同步监测的合流制溢流特征分析、基于数值模拟的合流制溢流预测及调蓄规模确定方法研究、源头海绵设施对合流制溢流的减控效果模拟分析、基于河道纳污能力的合流制溢流污染控制方案研究和降雨径流污染综合控制方案研究。

本书内容翔实，可为从事合流制溢流污染治理的有关政府管理人员、规划设计人员提供参考，也可为相关领域的科研人员提供借鉴。

图书在版编目（CIP）数据

合流制溢流模拟分析技术研究 / 于磊，王丽晶，周星著. -- 北京 : 中国水利水电出版社，2022.8
（海绵城市建设研究与实践丛书）
ISBN 978-7-5226-0945-4

Ⅰ. ①合… Ⅱ. ①于… ②王… ③周… Ⅲ. ①城市建设－研究－中国 Ⅳ. ①F299.21

中国版本图书馆CIP数据核字(2022)第153135号

书　　名	海绵城市建设研究与实践丛书 **合流制溢流模拟分析技术研究** HELIUZHI YILIU MONI FENXI JISHU YANJIU
作　　者	于　磊　王丽晶　周　星　著
出版发行	中国水利水电出版社 （北京市海淀区玉渊潭南路1号D座　100038） 网址：www.waterpub.com.cn E-mail：sales@mwr.gov.cn 电话：(010) 68545888（营销中心）
经　　售	北京科水图书销售有限公司 电话：(010) 68545874、63202643 全国各地新华书店和相关出版物销售网点
排　　版	中国水利水电出版社微机排版中心
印　　刷	天津嘉恒印务有限公司
规　　格	184mm×260mm　16开本　7.25印张　155千字
版　　次	2022年8月第1版　2022年8月第1次印刷
印　　数	0001—1200册
定　　价	**72.00**元

前言

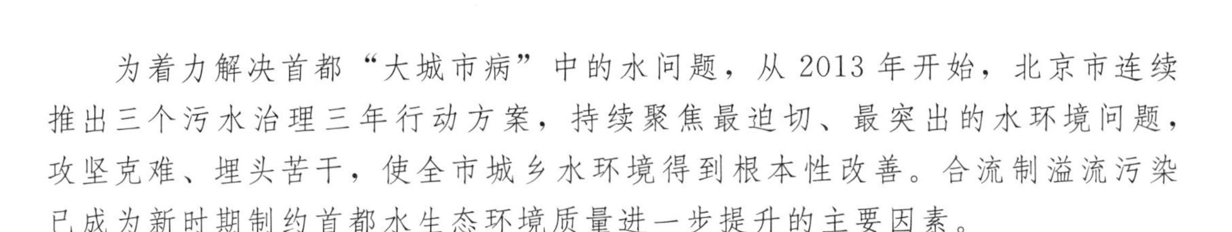

为着力解决首都“大城市病”中的水问题，从2013年开始，北京市连续推出三个污水治理三年行动方案，持续聚焦最迫切、最突出的水环境问题，攻坚克难、埋头苦干，使全市城乡水环境得到根本性改善。合流制溢流污染已成为新时期制约首都水生态环境质量进一步提升的主要因素。

合流制溢流污染治理工作离不开科学系统的监测支撑问题识别，也离不开数值模拟方法支撑问题的量化分析、方案的制定与优化。本书系统总结了近年来北京市水科学技术研究院在合流制溢流监测、模拟分析、建设管理、系统方案制定等方面的研究成果，共分6章。第1章，系统概述了合流制溢流的成因及危害、国内外研究进展、控制措施、数值模拟特点及常用的软件，并提出合流制溢流研究中的关键问题；第2章，结合具体案例，介绍了基于网厂河同步监测方法，并分析了案例区的合流制溢流特征；第3章，介绍了合流制溢流预测方法和合流制溢流调蓄池规模确定方法；第4章，介绍了源头海绵设施对合流制溢流的减控效果；第5章，介绍了基于水质管理目标的合流制溢流污染控制方案制定；第6章，介绍了降雨径流污染（包含雨水面源污染和合流制溢流污染）的综合控制方案。

本书由于磊、王丽晶、周星共同完成。此外，卢亚静、杨思敏、严玉林、马盼盼、黄瑞晶、史秀芳、张宇航、李容、李雪伟、李宝、刘家铭、李佳、李荣等人在本书撰写中也有贡献，在此一并表示感谢。

由于笔者水平有限，加之时间仓促，难免存在错误，敬请读者批评指正。

著者

2022年8月

目录

第1章

概　述

1.1 合流制溢流成因及危害

1.1.1 合流制溢流产生原因

合流制是区域排水体制主要形式之一，是指雨水和污水共用同一管道系统，实现水量的收集和输送的排水体制，主要包括直排式合流制和截流式合流制两种形式，如图1-1所示。其中，截流式合流制排水系统在降雨期间，管道中的水量迅速增加，超出截流管网负荷能力，多余水量会越过截流设施溢出，未经处理的雨、污混合溢出水量直接进入承纳水体，溢出部分雨污合流水量被称为合流制溢流（Combined Sewer Overflows，CSO），对应污染被称为合流制溢流污染。不同形式截流井结构示意图如图1-2所示。

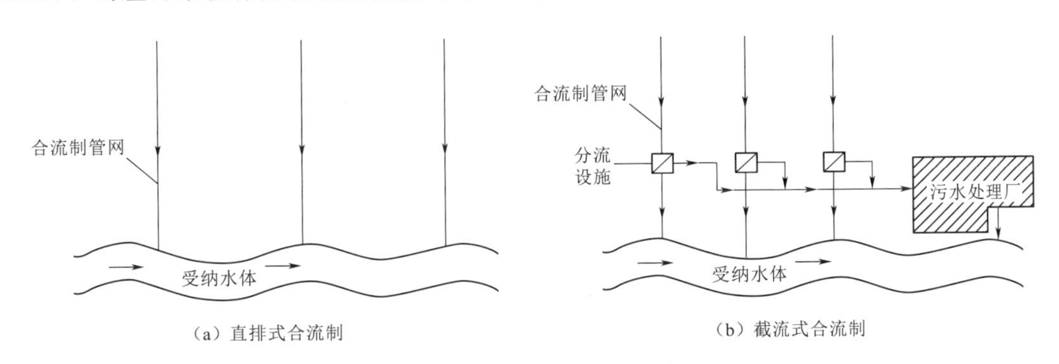

图1-1　合流制的主要形式

在城市发展历程中，雨水管网的出现滞后于污水管网，合流制排水管网的存在无法避免。降雨期间，降雨导致径流过程的随机性以及截流式排水系统截流管道的有限性，决定了合流制排水系统发生溢流的必然性。合流制排口溢流过程如图1-3所示。

1.1.2 合流制溢流污染危害

合流制溢流污染中包含来自地面径流、管道沉积物及生活、工业污水中的污染物。

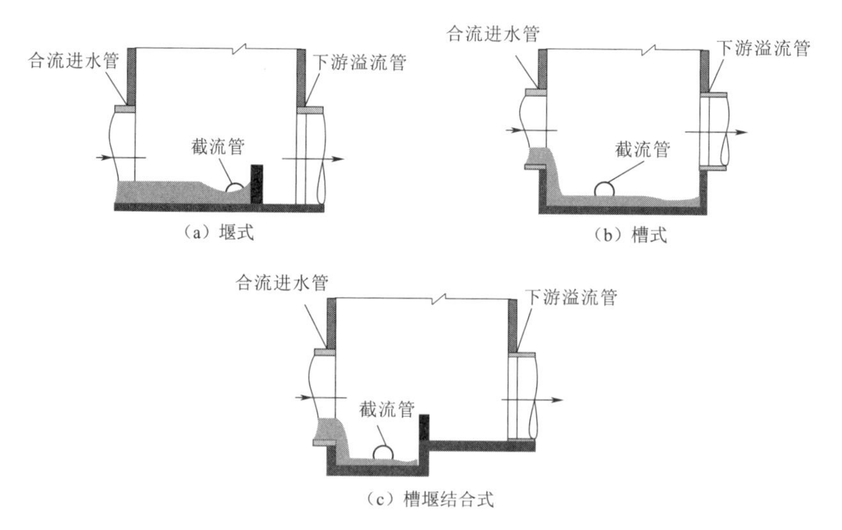

图1-2　不同形式截流井结构示意图

图1-3　合流制排口溢流过程

溢流事件的发生导致高浓度的微生物病原体、固体悬浮物、碎片和有毒污染物进入受纳水体，造成重大的公共卫生及河道水质问题，从而导致受纳水体的水生生态环境失衡。合流制溢流污染已成为制约城市河道水质进一步改善的主要瓶颈。

许多学者对合流制溢流的水质特点进行了分析，并将不同国家、不同地区的水质进行了比较。对比结果显示，不同国家和地区的合流制污水水质差异较大，如上海的合流制溢流中污染物浓度为COD：150～860mg/L，SS：200～1200mg/L，NH_3-N：15～55mg/L，TP：2.8～7.8mg/L；而北京市的COD则为80～3340mg/L，SS为300～2000mg/L；国外如美国某地的COD为4～699mg/L，SS为4～4420mg/L；比利时的污染物浓度则为COD：384～480mg/L，SS：10.8～53.0mg/L，NH_3-N：12.4～44.4mg/L。虽然各地水质浓度存在差异，但是整体来说合流制溢流污染浓度均大于雨水，甚至溢流污染发生的部分时段COD和SS也高于典型的城市生活污水。因此，合流制溢流是城市水体污染不可忽视的因素，应予以足够重视。在全国黑臭水体治理及海绵城市建设的背景下，合流制溢流控制成为城市水体环境治理的焦点。

1.2 国内外合流制溢流研究进展

1.2.1 国外合流制溢流研究进展

1.2.1.1 美国合流制溢流污染控制历程

美国对合流制溢流的研究可追溯至20世纪60年代，其发展历程主要包括了“工程措施、工程措施和非工程措施结合、建章立制、绿色措施”四个阶段，美国合流制溢流污染控制技术进展如图1-4所示。

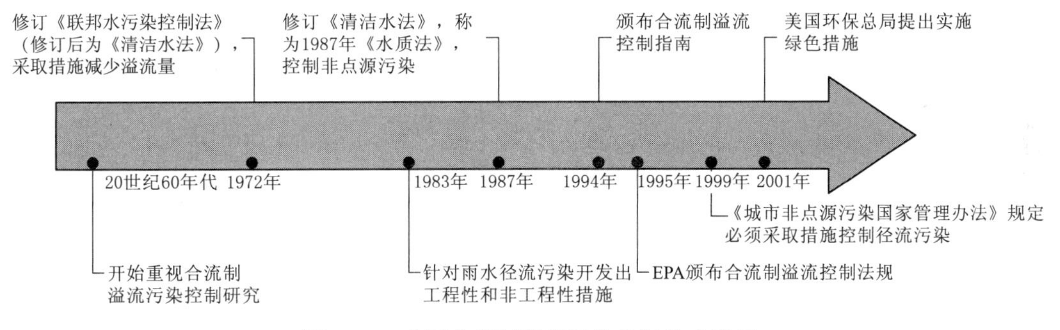

图1-4 美国合流制溢流污染控制技术进展

1. 实施工程措施阶段

20世纪60—70年代，美国开始重视对雨水径流和合流制溢流污染控制的研究。在合流制溢流治理初期，美国对排水管道进行了分流制改造，美国环保局、各州和地方水污染控制机构采取相应措施减少排水管道污水的溢流量，同时对雨污混合污水在溢流时进行调节、处理及处置，使之溢流后对水体水质影响在控制目标内。

2. 工程性措施和非工程性措施结合阶段

1983年之后，美国针对雨水径流污染开发出各种技术性措施和非技术性措施，如城市雨水污染的评价与检测、科学管理和控制城市雨水资源的雨水径流污染的BMP模式、水土流失的控制和合流制溢流雨水处理技术等。1995年美国环保局发布了合流制溢流长期控制规划指南和合流制溢流九项基本控制措施指南，为各州合流制溢流污染控制提供了技术指引。由于合流制溢流污染问题极其复杂，并且涉及长期的基础设施规划与建设，美国环保局规定各市政府必须制定合流制溢流污染控制长期规划并由州政府批准，环保局则对合流制溢流污染长期控制规划中的一系列控制措施进行评估，以确保最终实现对合流制溢流污染的有效控制。

3. 建章立制阶段

美国在合流制溢流污染治理初期制定了《联邦水污染控制法》(修订后为《清洁水法》)，1987—1999年，美国政府将合流制溢流污染治理纳入法律范畴，进一步修订了《清洁水法》，称为1987年《水质法》，之后又颁布了合流制溢流控制法规等法律条款以控制非点源污染，从而为城市雨水径流管理提供了有效的法律依据。

4. 绿色措施发展阶段

2001年美国环保局提出了实施绿色措施协议，其中强调在合流制溢流污染控制过程中要采取一些暴雨管理的绿色措施。美国环保局已经充分认识到通过加强源头控制可以从根本上减少甚至消除合流制溢流的发生，并且在全国各地推广实施依靠源头控制措施来控制合流制溢流的方案。例如，西雅图和堪萨斯市在合流制区域采取了许多绿色基础设施，包括一些分散式源头生态措施（如雨水花园、生物滞留系统、各种渗蓄设施等）的综合应用，以及将建筑屋面雨水接入绿地，避免建筑雨落管与合流制管道系统直接连接等措施，有效地削减了径流污染和径流排放量，减少了进入合流制管道系统的径流量，从而有效地减少了合流制溢流污染。

1.2.1.2 德国合流制溢流污染控制策略

20世纪初，德国已经开始高度重视合流制管道溢流污染的控制和城市初期雨水径流污染的治理，20世纪80年代后期就将城市雨水污染控制列为水污染控制的三大目标之一，对源头污染控制、合流制溢流污染控制和雨水径流污染控制的结合问题十分重视，修建了大量雨水池（共有4万余座调蓄池，总容量4675万m^3）。截流处理合流制溢流的同时，也采取分散式源头生态措施来减少径流和净化雨水，如渗塘、地下渗渠、透水铺装、屋面或停车场的受控雨水排放口以及各种“干”“湿”池塘或小型水库等，利用这些设施将雨水储存、让雨水暂时滞留净化或加快雨水下渗，延长雨水排放时间，来达到削峰、减流、净化雨水径流、补充地下水的目的。

1.2.1.3 日本合流制溢流污染控制策略

日本大多数城市保留了合流制，全日本使用合流制的城市共192座，服务人口约为全国总人口的20%，其中东京绝大多数区域为合流制排水体制。由于合流制溢流污染问题突出，日本专门成立了合流制管道系统顾问委员会来研究合流制溢流污染控制问题。针对合流制溢流污染情况，东京制定了合流制排水系统的环境目标改善方案，其基本思路是：①削减污染负荷量；②确保公共卫生；③清除漂浮物。各地区根据各自的环境要求设定相应的环境指标，东京采用了雨水贮流设施和渗透设施方案。此外，日本还开展了对城市雨水利用与管理的研究，提出了“雨水抑制型下水道”，并纳入国家下水道推进计划，同时制定了相应政策。1992 年日本政府颁布“第二代城市下水总体规划”，正式将雨水渗沟、渗塘以及透水铺装作为城市总体规划的组成部分；21 世纪初又决定在东京建造大深度地下河道，将雨水贮存起来，以减少洪峰流量，并作为中水水源。

1.2.1.4 国外合流制溢流污染控制研究小结

国外合流制溢流控制过程，大致经历了“末端调蓄为主”和“源头分散式控制加末端调蓄”两个阶段。末端调蓄是指在排水系统末端，入河之前通过修建调蓄池或处理设施对合流制溢流污水进行处理；源头分散式控制主要是指采用低影响开发（Low Impact Development，LID）和绿色雨水基础设施（Green Stormwater Infrastructure，GSI）理念，在汇水区源头采用分散式的雨水花园、下凹绿地、植被浅沟、雨水湿地、雨水塘等滞留调节设施，实现削峰、减排和水质净化的目标，从而降低合流制溢流的频率和污染负荷。Cohen 等通过费用-效益分析发现，同等控制目标条件下，源头分散式控制比末端调蓄更节省建设和运行管理费用，但源头分散式控制设施需要占用较多的地表空间，使其在应用上受到一定限制。

国外合流制溢流污染控制强调系统性概念，重视源头分散式控制措施对合流制溢流的减缓作用，但由于国外没有“海绵城市”概念，在排水分区、区域乃至城市整体尺度上，开展大规模的源头分散控制措施，将面临更多权属争端、协调矛盾，导致工程实施周期长、改造范围受限，进而影响最终效果。相对而言，我国海绵城市建设借鉴了国外经验，强调“源头、过程、末端”的统筹，有助于将源头低影响开发和末端合流制溢流污染控制作为一个有机整体进行系统治理。同时，在以政府为主导的海绵城市建设体系下、在全面实施河长制的背景下、在黑臭水体专项治理的监督考核体制下，各单位协调配合实施的难度更小，工程措施更易落地，短期便可见效。

综上所述，针对合流制溢流污染控制问题，国外各城市没有一刀切式地对合流制排水系统进行彻底分流改造，而是从系统性、整体性的角度出发，在保留原有合流制排水体制的基础上，采取源头分散式控制措施辅之以末端控制措施，控制合流制排口溢流频次和总量，进而削减入河污染负荷。

1.2.2 国内合流制溢流污染治理现状

根据中国城市统计年鉴数据显示，截至 2016 年，我国合流制管网的占比达到 20%。其中，山西、辽宁、广西、宁夏等地合流制管网占比超过 50%，溢流情况极为严重。针对这一问题，北京、上海、南京等地也纷纷做出响应，但大部分老城区仍是在保留合流制排水系统的基础上进行相应的建设。

依据我国现行《室外排水设计规范》(GB 50014—2006)，推荐新建区域采用分流制排水系统，但是分流制排水系统是建立在雨水中污染危害比合流制系统溢流小的假设之上的，它仅仅考虑了对城市生活污水和工业废水的治理，而忽略了面源污染对水体的影响。在此背景下，各区域在参照《室外排水设计规范》(GB 50014—2006)的基础上，依据区域特征，分别采取相应的治理方法。

北京市在原有合流制排水系统下游修建了溢流井和截流管道，将原来直接排入河道的污水截流至污水处理厂进行处理，并随着地区和道路建设，对部分合流制管道进行了雨污分流改造。目前，已经实现了对旱季污水的全部收集与处理。但是这些措施仅仅解决了合流制排水系统旱季污水直接排放污染水体的问题，雨天合流制溢流对水体的污染问题仍十分严重。2011年，北京市制定了中心城区合流制排水系统改造规划，计划通过改造原有老化破损管线、提高截流管道截流能力、建设合流制调蓄池、增加污水处理厂雨天处理能力等措施提高合流制系统收集、输送、处理雨天合流污水的能力，以便减少排入水体的合流制溢流污染。2013年以来，北京市连续实施两个"三年治污方案"，新建完成再生水厂68座，升级改造污水处理厂26座，建设规模超前十年总和。北京市污水处理能力提升了70%，新建改造污水管线增长54%，基本解决了城镇地区污水处理能力不足问题，污泥基本实现无害化处置。北京市在2020年又启动了第三个三年治污行动，并明确将合流制溢流污染列为重点工作内容。同时在2021年，结合中心城内涝积水点治理，北京市发布了《北京市城市积水内涝防治及溢流污染控制实施方案(2021—2025年)》(京政办发〔2021〕6号)，首次提出了涝污同治的工作思路，为全国其他城市提供了借鉴。

上海市从1988年开始投入大量资金，先后实施了合流污水治理一期和苏州河水环境综合整治一期、二期、三期等一系列工程项目，对直接排入苏州河的污水进行截流和处理后进行排放，并且在苏州河沿岸建设了5座合流制调蓄池，降雨期间利用调蓄池储存部分合流污水，待降雨过后输送至污水处理厂进行处理，以减少排入苏州河的合流制溢流污染；另外上海市规划在合流制区域建设多座调蓄池以及大型地下调蓄隧道，通过提高调蓄存储量来进一步削减雨天溢流进入水体的污染负荷。

武汉市也在2006年先后对东湖、月湖等市区重点湖泊实施了截流旱季污水工程，通过增设截流管道和增大截留管道管径等方法提高截流能力，从而使雨天发生溢流事件得到一定程度的减少。昆明市在原有合流制区域实施了截污工程，主城区的排水系统总体为截流式合流制排水系统，近几年开展了主城二环路内庭院雨污分流改造工作，并启动主城区市政雨污分流排水管网改造；对位于合流制区域的昆明市第三和第七污水处理厂则采取了高效沉淀处理工艺，以提高雨天对合流污水的处理能力；2011年昆明市规划在二环内建设18座合流制调蓄池以减少合流制溢流污染。此外，南京、苏州、沈阳、无锡等城市则主要采取了对原有合流制管道系统进行雨污分流改造的措施来控制合流制溢流污染。

还有许多城市例如重庆、东莞等近几年实施了对合流制排水系统旱季流污水进行截流和处理的工程项目。

1.3 合流制溢流污染控制措施

合流制溢流污染控制措施可以分为工程措施和非工程措施。工程措施按照措施所处的环节，可划分为源头减排措施、过程控制措施和末端控制措施；非工程措施包含相关法律法规、专项规划、管理措施以及智慧化调度手段等。

1.3.1 源头减排措施

源头减排措施主要是从源头减少雨水和污染物进入排水管网系统，从而达到减少合流制溢流污染的目的。源头减排措施主要包括绿色屋顶、透水铺装和下凹式绿地等低影响开发措施，其在合流制溢流污染控制中的适用范围和措施特点见表 1-1。这些措施的原理是利用绿色设施中的土壤和植物，截留、过滤和净化雨水，实现排水错峰、去除雨水中污染物的目的。主要源头减排措施如图 1-5 所示。

表 1-1 源头减排措施介绍

类型	措施名称	适用范围	措施特点
源头减排措施	1）绿色屋顶； 2）透水铺装； 3）植草沟； 4）生物滞留设施/雨水花园； 5）下凹式绿地	1）适用于控制地表径流携带污染物直接进入受纳水体造成的污染； 2）适用于控制合流制管网和分流制污水管网因降雨造成的溢流污染； 3）适用于控制分流制雨水管网出水对受纳水体造成的污染	1）在雨水进入排水管网系统之前布设，可用于滞留、消减峰值同时去除污染物； 2）占地面积与建设形势可因地制宜； 3）储存径流能力不强，一般通过减少产流系数、加强雨水下渗来实现径流量的控制

由于气候差异，我国实际应用较多的源头减排措施有透水铺装和下凹式绿地，透水铺装对雨水的滞留效果良好，可以快速排尽地表积水，补充地下水。下凹式绿地在城市道路两旁和小区建设中使用较多，适用范围广，建设和后期维护费用较低，并且可以结合城市规划，起到美化环境的作用。绿色屋顶和雨水花园使用较少，绿色屋顶对于不同的屋顶高程，需要选择不同的植物来适应屋顶环境，因此对植物要求较高；雨水花园的造价较高，维护困难，故使用较少。在实际应用中，应根据气候和实际情况选择合适的源头减排设施。

1.3.2 过程控制措施

过程控制措施主要从管道系统考虑，对合流制管网进行整治，以建设截流设施为主。

在摒弃直排式合流制排水系统之后，截流式合流制排水系统成为主流。截流式排水系统主要是通过在河岸沿线敷设截流干管，在排水量较大的地方设置溢流井，继而利用

(a) 绿色屋顶（建大校园）

(b) 透水铺装（紫荆雅苑）

(c) 植草沟（北京城市绿心）

(d) 生物滞留设施（自来水厂）

(e) 雨水花园（通州紫荆雅园）

(f) 下凹式绿地（通州自来水厂）

图1-5 主要源头减排措施

合理的设置截流倍数来控制合流制溢流。这种改造方式总造价较小、耗时短、施工简单。据统计，在工程投资方面，改造为截流式和分流制的工程造价比值为1∶3；在管理方面，截流式合流制排水系统更优化便捷。所以，老城区旧管道的改造多以截流式排水系统为主。

1.3.2.1 截流倍数

排水管网截流式改造后，截流管网截流倍数 n_0 的确定是一个关键问题。截流倍数是指合流制排水系统在降雨时截留的雨水量与旱季污水量之比值，截流倍数的选择与合流制溢流污染控制程度密切相关，对区域工程实际建设周期、建设及运行维护成本计算以及工程建设的环境、社会经济效益的影响有着主导作用。

国外对污染控制的研究较早也更为重视，所以其取值偏大，减少了溢流次数，主要从环境角度出发，保护了受纳水体。其中，日本通常计算截流管道容量时，以径流量高峰值的 3 倍计算，英国对截流倍数 n_0 的取值通常为 5，德国一般取高峰日的 4 倍计算截流管道容量，美国各地标准都不一样，其截流倍数 n_0 的取值范围在 1.5～5.0 之间。前苏联根据入河的流量来确定截流倍数，其取值范围为 1～5。欧美等发达国家由于基础建设较发达，大多数的管网改造已完成，因此对截流倍数的优化研究相对较少，而主要集中在对非点源污染的研究，如雨水综合利用、溢流污染控制技术、受纳水体水环境容量等。

参考《室外排水设计规范》（GB 50014—2006），国内截流倍数选取通常在 1～5 之间。起初，针对截流倍数的选取，国内主要采用暴雨强度拟合法确定截流倍数；张超等借助 SWMM（Storm Water Management Model，SWMM）模型，在确定投资成本的基础上，寻求最大限度的环境效益，确定区域最佳截流倍数；林佳森等基于金策数据，参考经验确定截流倍数。国内对于面源污染的研究较少，主要通过管网改造及截流倍数的设定，来控制面源污染问题。其中，对截流倍数的取值主要根据工程经验，主观地分析截流倍数对环境效益与经济效益的影响，且没有数据支撑。我国城市截流倍数使用比例如图 1-6 所示，其中 59%的城市采用的截流倍数为 1.0。受我国经济条件和地域限制，我国截流倍数取值相对较低，只有一些经济发达城市截流倍数较高，如北京市的截流倍数为 1.0～2.0、上海市为 2.43～2.46、苏州市为 3.0。

n_0 的选择直接影响合流制溢流污染控制工程的规模和环境效益，以及污染物的收集和处理程度。n_0 越大，管道截留污水量越大，则合流制溢流量减少。当 n_0 增大到一定程度时，溢流事件将不再发生，然而 n_0 越大，合流制溢流污染控制的成本越高，因此最优截流倍数的选择要综合考虑合流水量、合流水质、当地暴雨强度、水文、环境和经济等多种因素进行科学选取。

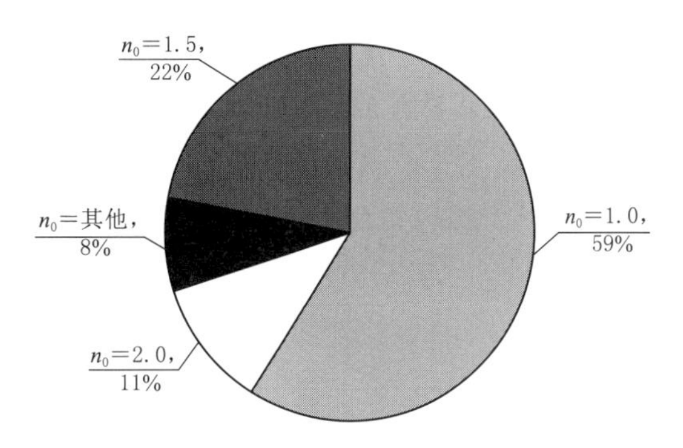

图 1-6　不同截流倍数在我国城市中的使用比例

1.3.2.2 截流形态

就北京市而言，截流井形式主要包括堰式、槽堰结合式和槽式三种。为研究不同截流井的形态对截流效果的影响，本书以通州海绵城市建设试点区内的某片合流制排水分区为模拟研究区。根据城市排水管网规划资料和勘测资料，基于 MIKE URBAN 软件构建排水管网数值模型，模型概化示意图如图 1－7 所示。经过多场典型降雨率定和验证，模型精度较好，可用于后续模拟研究中。

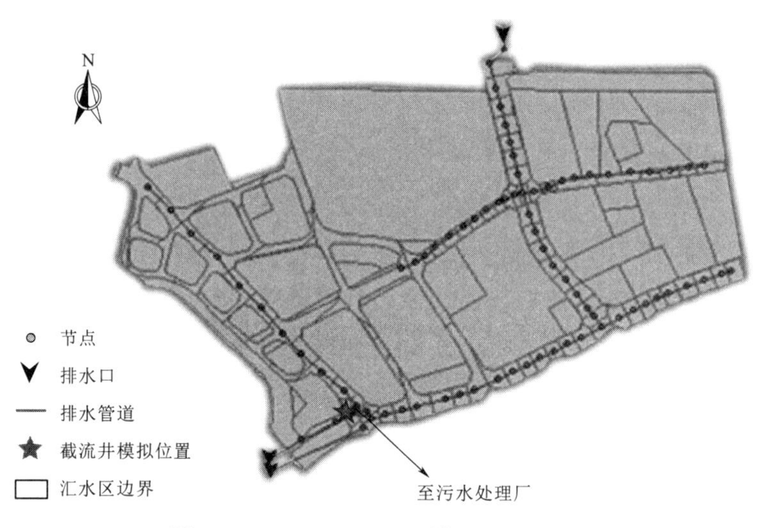

图 1－7　MIKE URBAN 模型概化示意图

控制三种形式截流井结构的总高相同，改变堰高和槽深，以探究不同形式截流井截流效果的差异。其中，截流井上游合流管与下游溢流管管径、高程和坡率固定，衔接方式采用管底平接。截流管管径保持不变，堰式截流时，截流管与合流管衔接方式为管底平接，总高为堰式挡墙高度 H_1；槽堰结合式截流时，总高 H 为堰高 H_1 与槽深 H_2 的和；槽式截流时，总高等于槽深 H_2。

1. 旱季模拟结果分析

经过模拟计算，截流管道内的平均流量为 0.03m^3/s，管道未充满，截流管具备足够能力将全部污水截流到污水处理厂，不产生溢流。不同截流井形式在无雨期时截流量相同，但由于截流井的结构不同，截流管内水流形态有较大差异。不同形式截流井构造及截流管内旱季截流情况见表 1－2，三种形式截流井的截流管内平均流速依次递减，在堰式截流情况下，流速达到 1.3m/s，显著高于槽堰结合式和槽式截流的流速。

表 1－2　不同形式截流井构造及截流管内旱季截流情况

截流井形式	管径 D/mm	堰高 H_1/mm	槽深 H_2/mm	总高 H/mm	平均流量 Q_1/(m^3/s)	平均流速 v_1/(m/s)
堰式	500	900	0	900	0.03	1.30
槽堰结合式	500	400	500	900	0.03	0.69
槽式	500	0	900	900	0.03	0.16

2. 雨季模拟

三种形式截流井在重现期为1年的降雨条件下，截流管均可达到满流，即雨天实际运行工况为压力流状态，并且出现不同程度的溢流情况。截流管内的流量过程如图1-8所示，从时间上看，管内截流量的起涨点相同，降雨开始33min后水位上涨，约70min时达到峰值，堰式峰现时间比槽式和槽堰结合式滞后2min。从流量大小上看，槽式截流的总量最小，过程线更为平缓；槽堰结合式截流量介于槽式和堰式之间，退水阶段流量波动较大；堰式截流量最大，瞬时流量可高达0.5m³/s，退水时间也最长。

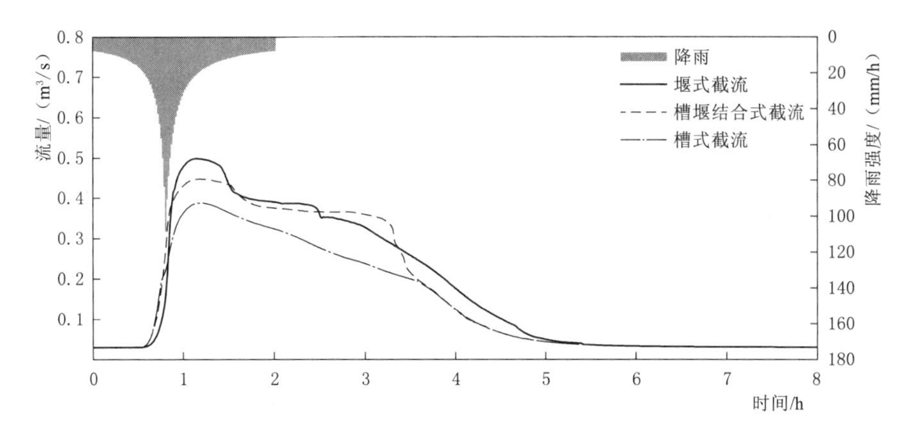

图1-8　降雨重现期为1年的条件下不同形式截流井截流管内流量过程

与旱季截流情况相比，模拟雨季情景下的截流管内截流量峰值可增加12～16倍，8h模拟时段内堰式、槽堰结合式、槽式截流总量分别增加5.54倍、4.44倍、3.63倍，不同形式截流管内截流情况见表1-3。结合截流井结构示意图可知，雨天时降雨经地表汇流进入截流井，管道内水位上升，将淹没截流管管顶。槽式和槽堰结合式截流由于挡墙的设置，造成上游合流制主管道壅水，加大了截流管处的水头；而槽式截流的截流管埋设位置更低，管径远小于检查井直径，水流由旱季时的重力流转变为压力流，故三种形式截流井的雨天实际截流能力均超出设计情况。

表1-3　　降雨重现期为1年条件下不同形式截流井截流管内截流情况

截流井形式	最大流速 v/(m/s)	平均流速 v_2/(m/s)	最大流量 Q_{max}/(m³/s)	截流总量 W/m³	截流增加倍数		最高水位 Z/m	
					峰值	总量	合流管	截流管
堰式	2.67	1.77	0.52	5691.97	16.47	5.54	18.00	17.35
槽堰结合式	2.28	1.18	0.45	4737.76	13.91	4.44	17.72	17.02
槽式	2.00	0.71	0.39	4028.48	12.07	3.63	17.36	16.82

通过数值模型模拟，可以预测截流井的实际截流能力，结合工程实际情况，能够为设计者提供很大的参考价值。基于模拟结果可知，在来水量和设计结构总高一定时，堰式截流井的井底高程最高，截流量最大，其次是槽堰结合式和槽式截流井。考虑埋设深

度，当地势较高时，选择堰式截流井可以减少工程量，同时最大程度保证污水截流效果，减少合流制溢流。槽式截流井可以减小实际截流量与设计截流量的误差，同时降低合流制干管的水位，降低上游内涝风险。

1.3.3 末端控制措施

1. 调蓄池

调蓄池是目前较为普遍的合流制溢流污染调蓄设施，在降雨时，能有效增大截流倍数，削减径流洪峰。一方面可以储存污染严重的初期雨水或超出系统截流能力、污染物浓度较大的合流污水，在降雨洪峰过去之后，再将雨水送入污水处理厂处理，避免携带污染物的溢流雨水直接进入受纳水体，以达到控制溢流污染的效果；另一方面，通过沉淀作用，调蓄池在储存雨水时还能够提高雨水水质。建设中的龙潭西湖地下合流制调蓄池如图 1－9 所示。

图 1－9　建设中的龙潭西湖地下合流制调蓄池

2. 人工湿地系统

人工湿地是一种高效控制合流制溢流污染的末端控制措施，是对自然湿地系统的模拟。人工湿地系统最开始用于处理中小型城市的污水，之后发展用来控制合流制溢流污染，其利用沉淀、过滤、植物吸收以及微生物降解吸附等作用，降低污水中的 SS、TP 等污染物质，削减污染物。人工湿地建设投资少、运行费用低、承受污染负荷能力强，在城市建设中能和景观相结合，不仅能够美化城市环境，还能调蓄雨洪、改善生态环境，但是人工湿地占地面积大，易受季节因素影响。另外，暴雨径流具有突发性和不确定性，所以合流制溢流污水的水质和水量变化剧烈，因此在设计、建设人工湿地系统处理合流制溢流污染时，必须针对暴雨径流的特点进行合理设计。

人工湿地系统作为一种末端控制措施，不仅可以调蓄溢流污水，还可以去除滞留污水中的污染物质。段晓涵的研究表明，湿地系统对COD和NO_3^--N的去除效果良好，平均去除率分别高达84.07%、95.88%；另外，湿地系统对污染物的去除效果与污水水力停留时间有关，水力停留时间越长，污染去除时间越长。

3. *旋流分离器*

旋流分离器是一种分离非均相混合物的设备。当合流制溢流污水以一定的速度从旋流器上部进水口沿切向进入分离器后，产生强烈的旋转运动，由于受外壁限制，做由上而下的旋流运动，由于固液两相之间的密度差，污水所受到的离心力、向心浮力和流体曳力并不相同，较重的固体颗粒经旋流分离器底流口排出，而大部分分离后的清洁液体则经过溢流口排出，从而实现分离部分污染物的目的。

旋流分离器适用于去除颗粒物沉降速度为3.6m/h的污染物，即粒径在100～200μm之间；其对SS的去除率达60%以上，对COD的去除率达15%以上。旋流分离器分离效率高、装置紧凑、操作简单、维修方便、占地面积少、成本低，但是溢流管和沉沙嘴易磨损，需要定期更换。旋流分离器去除污染物的效果和多种因素相关，如进水水质、结构参数等。由于实际降雨特性的不同，当旋流分离器的结构参数确定后，旋流分离器的效果也受到影响，但作为一种在排水系统末端有效的污染控制措施，其在国外已得到一定范围的应用，国内相关工程实施案例也开始增多。典型水力旋流分离器结构如图1-10所示。

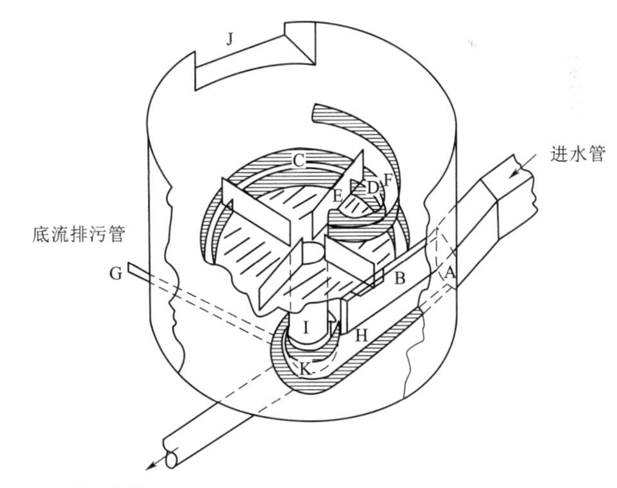

图1-10　典型水力旋流分离器结构图（EPA旋流分离器）

A—进水斜坡；B—导流板；C—浮渣隔离圈；D—溢流堰；E—阻流板；F—漂浮物挡板；G—底流排污管；H—排水槽；I—中心沉砂管；J—二次溢流堰；K—二次排水槽

1.3.4　管理措施

管理措施是指除了上述工程措施之外通过法律法规、专项规划和政策等手段来减少合流制溢流污染。

1. *法律法规*

在法律法规方面，为了使合流制溢流污染控制有据可依，可将合流制溢流污染纳入法律法规和相关部门政策体系中，根据不同地区的经济发展情况、基础设施和水质特点制定不同的标准，而非采取“一刀切”的方法。如美国通过国家授权地方制定当地水质标准，建立健全水质反馈体系，根据实际情况对水质标准进行合理调整。国家水务、市政部门出台相关政策，将合流制溢流控制纳入部门职能中，加强各部门之间协调配合，提高合流制溢流污染治理效率。再如，日本较早就发布了《合流制下水道溢流对策与暂定指南》，提出合流制的溢流控制标准为等同于分流制的污染水平；之后又发布《下水道法施行令》，进一步明确雨天合流制污水溢流排放的标准。

2. 专项规划

合流制溢流污染控制是一项长期、复杂的工作，除了为合流制溢流污染控制提供有效的法律依据外，还应从长远考虑，结合区域海绵城市规划、城市排水规划等工作，制定合流制溢流污染控制专项规划，以此指导后续工程治理。在实践过程中，应根据执行效果及条件变化，及时对专项规划进行相应调整。

3. 日常运维

为加强合流制溢流控制，需从多方面着手加强相关管理措施、制定管理制度、完善管理体制。如加强建筑小区的排水管理，减少管网改造过程中混接、错接的情况发生；提高道路清扫频次，减少道路面源污染尤其是初雨径流污染负荷，从而减少进入合流制管道的污染物；加强对商业密集区临街商户的管控，杜绝其向雨水篦子中倾倒生活废水和垃圾，必要时可安装防倾倒雨篦子。

(1) 排水管道清理。开展“清管行动”(图1-11)，在每年雨季来临前后，开展对合流制管道的修复和清淤工作。排水管道的清洗是指通过增强水流压力、提高管道中水头差、加大流速和流量来清洗管道中的沉积物，从而提高管网过水能力，目前常采用水力冲洗和机械冲洗两种形式。

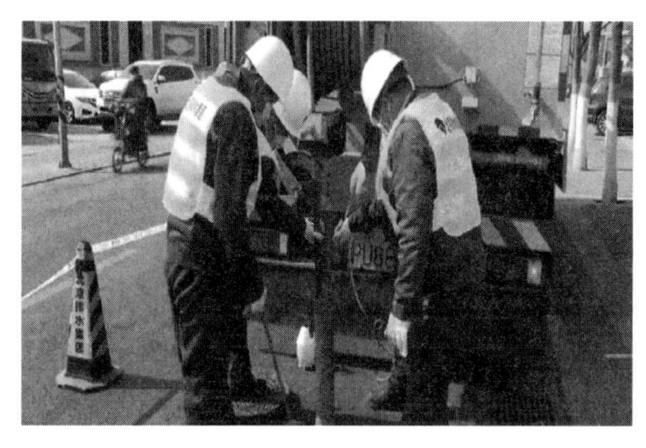

图1-11　北京市实施的“清管行动”

水力冲洗是利用水对管道进行冲洗，可根据不同的环境条件，选取管道内的污水、河水或自来水，该方法适用于水量充足、坡度良好、管径为200～800mm的管道。

机械冲洗是利用机械装置产生高压射流来冲洗管道。管道机械冲洗适用于管径

200～800mm 的管道，但需在装置中存储足够量的水。

（2）排水管道疏通。当管道淤泥沉积物过多造成管道堵塞时，必须使用清掏的方法来清除沉积物，利用机械直接作用于沉积物，使其松动并被污水携带输送或人工清理出管道。目前常用的管道疏通方法有人力疏通、竹片疏通、绞车疏通和钻杆疏通，具体见表 1－4。

表 1－4　　排水管道疏通方法

方法	操作特点	局限性
人力疏通	工作人员进入检查井，进行疏导挖掏	存在安全隐患，在实际工作中不适宜采用
竹片疏通	用人力将竹片、钢条等工具推入管道内，顶推淤积阻塞部位或扰动沉积泥	推力小、竹片截面积小，扰动淤泥有限
绞车疏通	依靠绞车的交替作用使疏通管道工具在管道中上下刮行，从而达到松动淤泥、推移清除、清扫管道的目的	不能单独使用，必须借助竹片或穿管器；不同管径要使用符合其规格的通管工具
钻杆疏通	用驱动装置带动钻头与淤塞部位作用、顶推淤积、达到疏通管道目的	需管道埋深小、井口大、不影响钻杆运行

4．智慧化调度

智慧化调度，是基于实时控制技术，充分发挥设施和设施之间的联动关系，通过控制工艺实现排水系统的可靠性和弹性。例如当前研究比较集中的“厂网一体化”“厂网河一体化”等。智慧化调度具有明显的经济效益和环境效益。国外大量实际的工程案例已经证明通过智慧化调度可以提高单体设施使用效能、减少系统溢流量、降低城市内涝风险等。近年来，随着智慧水务的推进，此项技术在国内也有成功应用案例，例如福州市基于智慧化手段实现全城水系联排联调与智慧管理，自 2018 年以来，该系统排水防涝应急处置效率提高了 50%，内河调蓄效益提高了 30%。此外，北京、温州等地也有成功应用案例。

1.4　合流制溢流数值模拟特点及常用软件

1.4.1　合流制溢流数值模拟特点

因监测手段存在点位覆盖度不足、监测频次不高、监测要素有限等问题，采用数值模拟方法开展合流制溢流相关研究是当前最为常用的方法。合流制溢流制数值模拟根据模拟阶段可以分为现状模拟和规划模拟两类，又可以根据模拟时是否降雨，分为旱季模拟与雨季模拟；根据模拟的要素，可以分为溢流水量模拟、溢流水质模拟以及溢流频次模拟；根据模拟的时长可以分为短历时模拟（场次降雨）和长历时模拟（1 年以上）；根据模拟对象的尺度，可以分为方案整体模拟与局部单项设施的模拟。与城市排水数值模拟相比，合流制溢流模拟具有“三多一长”的特点，具体如下：

（1）模拟包含的环节多。除了传统的降雨产汇流模拟、管网模拟之外，还包含旱季污水本底流量的模拟，即汇水分区内的分布和管道内的流动。同时，为了模拟不同区域的旱季污水本底流量，通常会单独运行管流模型。

（2）模型所需概化的要素多。除了需要对管网、排水分区进行概化外，还需要对泵、闸等重要控制节点，截流设施、调蓄设施乃至末端污水处理厂进行概化。

（3）模拟所需的基础资料多。由于模拟包含的环节多，所需的要素多，因此建模所需要的基础资料要求就很高。除了必须的降雨、下垫面、管网资料之外，还需要掌握研究区的人口、用水量、污水日变化系数、截流设施等信息。

（4）模拟历时长。为了摸清合流制溢流规律，一般需要开展长历时的模拟，历时一般以年为单位，这对模型稳定性及运算速度提出了更高的要求。

1.4.2 合流制溢流模拟中常用模型软件

模型按照模拟要素可以划分为水文模型、水动力模型、水质模型；按照模拟维度可以划分为一维模型和二维模型；按照模拟对象可以划分为排水管网模型、河道模型、地表漫流模型、地表产汇流模型和典型海绵设施模型；按照模型尺度由大到小及精细化程度由低到高，可以划分为区域模型（行政区划）、排水分区模型和排水单元模型。目前来说，最为常用的三款软件为 EPA 的 SWMM、DHI 的 MIKE 以及 HR Wallingford 的 Infoworks ICM。此外国产软件近年来发展迅速，以 SWMM 为内核的二次开发软件例如 HY-SMM、HS-SWMM，还有部分具有自主知识产权的软件正在开发或者升级完善过程中。不同模型软件具有各自的优势和不足，具体应用中需要结合实际情况选择合适的模型。对于模型的应用和操作相关书籍、文章较多，本书不再赘述模型软件的发展历程、机理，仅对三款软件在合流制溢流数值模拟中需要用到的模块及主要的建模环节进行介绍。

1. SWMM 模型概述

暴雨管理模型 1971 年由美国 EPA 开发。目前广泛应用于城市排水系统模拟、面源污染控制、排水管网系统规划设计以及 LID 的效果评估等。SWMM 模型操作及使用较为简单，建模的核心步骤如下：

（1）产汇流模型构建。产汇流模型的构建需要基于研究区路网、高程以及排水管网情况，划分排水单元即子汇水区，每个排水单元被概化为非线性水库，模拟计算排水单元的降雨径流变化过程。排水单元内的核心参数包括面积（Area）、特征宽度（Width）、坡度（%Slope）、不透水率（%Imperv）、下渗模型（Infiltration）、LID 设置、土地利用类型（Land Uses）等。排水分区主要参数设置如图 1-12 所示。在此基础上通过流量演算的方式推广计算研究区域整体的出流变化过程，包括子汇水区的填洼下渗过程、下垫面污染物的累计冲刷过程（水质模拟时需要）。其中，下渗过程模拟包括 5 种模型：①霍顿模型；②修正的霍顿模型；③格林-安姆普特模型；④修正的格林-安姆普特模型；⑤径流曲线模型。下垫面污染物累积包括幂函数、指数函数、饱和函数 3 种计算函数；针对污染物的冲刷提供了指数冲刷函数、比例冲刷函数、平均浓度函数 3 种函数。基于上述水量及水质的模拟计算，确定进入排水系统的总水量及污染负荷量，完成进入管网系统之前的模拟计算工作。

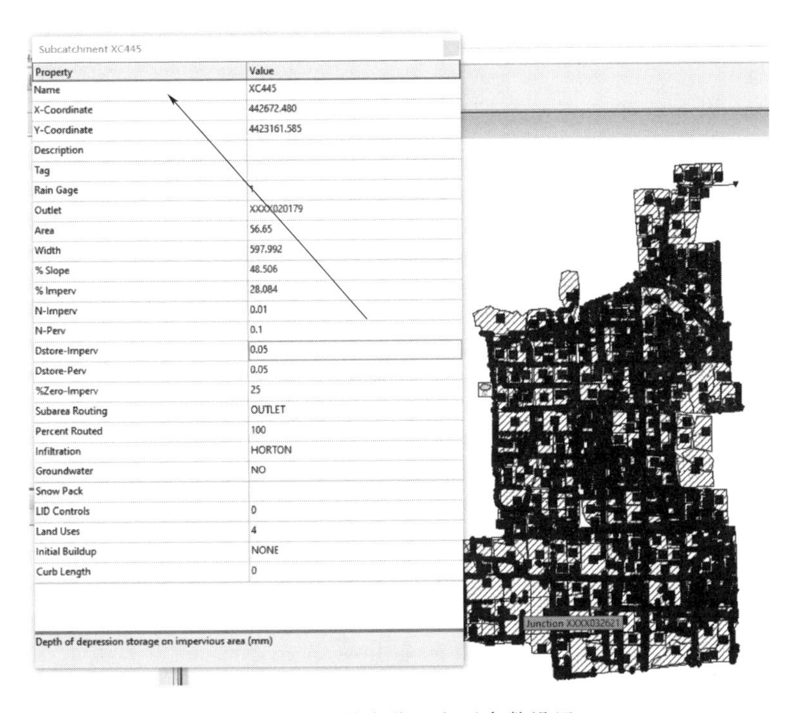

图 1－12　排水分区主要参数设置

（2）管流模型构建。在管网输移过程中，模型将地面各个排水单元概化为一个个节点，并将节点与管道节点相接。其中管道节点根据研究区管线数据以及模拟的精度设置，一般情况下，每个检查井为一个管道节点，也可以将多个尺寸相同无明显坡度变化的管段进行概化，即多个节点概化为一个节点。水流从管网上个节点流往下一个节点。管网水流模拟计算的 3 种方式分别为恒定流、运动波与动力波，其中，运动波和动力波可以模拟不同复杂程度的非恒定水流运动。

值得说明的是，对于 SWMM 模型来说，在开展合流制溢流模拟时，在管道模型中需要考虑旱季污水流量，一般在节点中以本底流量形式输入模型中。

2. MIKE 模型概述

MIKE URBAN 是丹麦水力研究所（DHI）开发出的用于模拟城市给水排水管网系统的建模软件，因其具有强大的城市水循环及伴生过程模拟能力、较高的技术集成度和建模与运行简单、精准等优点，被广泛应用于城市排水与防洪排涝等方面。利用 MIKE URBAN 建立城市排水管网系统的动态模型，包括了降雨径流模型和管网水动力模型。降雨径流模型由降雨模拟和集水区汇流过程模拟两部分组成，管网水动力模型是雨水汇入管道后对水流流态和水质等的模拟。降雨径流模型的计算结果可以作为管网水力模块的上游边界条件，管网水力模型可以有效地模拟雨污水管道流动。

（1）产汇流模型介绍。MIKE URBAN 中地面产汇流模块提供了 4 种模型，包括时间面积模型（T－A 模型）、动力波模型、线性水库模型、单位水文过程线模型。其中，时间面积模型在城市区域中使用广泛，其降雨径流模拟结果受到多个参数的影响。其中，控制径流总量的参数包括不透水面积比（径流系数）、初损及水文衰减系数（即沿程水头损失），控制地面汇流过程的参数有集水时间（地面产流汇集至检查井的时间）和时间面积曲线。

时间面积曲线是区域径流路径计算的决定性因素之一。该模型采用等时间步长（Δt）将径流过程离散化，根据模型概化的子汇水区形状自动选择相应的时间-面积曲线。时间-面积模型中常用的时间面积-曲线有 TACurve1（矩形），TACurve2（倒三角形）和 TACurve3（正三角形）3 种，对应曲线如图 1－13 所示。

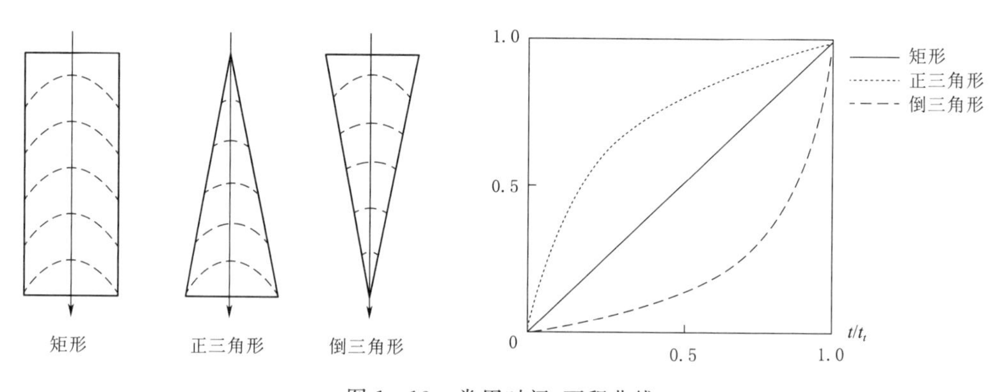

图 1－13　常用时间-面积曲线

（2）管网水动力模型介绍。MIKE URBAN 将管网看作一维模型。对于水流在管道中的运动，MIKE URBAN 提供了恒定流法、运动波法和动力波法 3 种计算方法，恒定流法最为简单，但是恒定流法无法模拟管道中的回水、储水、进出口损失、有压流等情况；运动波法与恒定流法相比，能更加准确地模拟管道中水流随时间和空间的变化过程，但是仍然未能考虑回流和进出口损失等影响，只能用于树状管网的模拟计算；动力波法弥补了前两种方法的不足，能够模拟有压流、管道存蓄、回水、进出口损失、逆向流等多种水流状态。其中，动力波法通常利用曼宁公式将流速、水深和河床坡度联系在一起，通常采用六点 Abbott－Ionesco 隐式有限差分格式求解有质量和动量守恒方程组成的圣维南方程组联合求解。

3. ICM模型概述

InfoWorks ICM软件是由英国Wallingford软件公司开发，整合了城市排水管网（雨水、污水、合流系统）与河道一维水力模型，引进水文模型并拓展了低影响开发模块，是一款综合水文和水动力的模型软件，可构建湖泊、河道和排口等水质模型，水质模型包括独立的计算过程，与水力模型计算并行，能够模拟系统中沉积物的累积，以及降雨时沉积物和污染物在管网中的运输。在水质水量方面联合反映了降雨径流污染情况。该模型已广泛地应用于合流制溢流污染控制、初期雨水面源污染控制和管网与河道水质污染量评估与解决方案评估等。

InfoWorks ICM模型的功能主要通过下面的模块来实现，主要包括：

（1）管道计算模块：水力计算引擎采用完全求解的圣维南方程组模拟管道明渠流。

（2）汇水区计算模块：具有子汇水区自动划分和产流面积自动提取功能。

（3）降雨径流模块：采用分布式模型模拟降雨-径流，并进行径流计算。

（4）旱流污水模块：可以进行居民生活污水，工商废水及入渗水模拟分析。

（5）实时控制模块：控制溢流、沉积和污染物排放，控制水泵运行，优化系统储存容量，最小化资产更新和系统扩容成本。

（6）水质模块：预测水质成分污染物浓度和负荷，提供污染和沉积问题的有效解决方案。

（7）坡面漫流模块：可以模拟暴雨时的淹没位置与淹没水深，并能生成地面洪水淹没图。

（8）2D洪水图模块：能够二维模拟排水系统超负荷之后的地面淹水/洪涝的坡面流现象。

水质模拟实际上包括地表污染物的累积、地表污染物的冲刷以及排水系统中本底污染的迁移三个主要环节。

（1）地表污染物累积过程。模拟累积时期及模拟期间，子集水区表面的沉积物累积的质量，沉积物累积的质量计算方程为

$$M_0 = M_d e^{-K_1 NJ} + \frac{P_S}{K_1}(1 - e^{-K_1 NJ}) \tag{1-1}$$

式中　M_0——时间步长结束时地表沉积物质量，kg/hm^2；

M_d——地表初始沉积物质量，kg/hm^2；

K_1——衰减系数，d^{-1}；

NJ——干旱期累计时长，d；

P_S——累积因子，$kg/(hm^2 \cdot d)$。

不同土地利用类型累积因子值取值见表1-5。

表 1-5　不同土地利用类型累积因子取值表

土地利用类型	累积因子/[kg/(hm² · d)]	来　源
居住区（密集）	25	法式校准
居住区	6	法式校准
市中心（商业区）	25	美式校准（环保署）
工业	35	美式校准（环保署）
混合型郊区	6	法式校准

（2）地表污染物冲刷过程。

1）沉积物侵蚀。来自于地表的侵蚀沉积物质量是雨强和地表总沉积物质量的函数，即

$$\frac{\mathrm{d}Me}{\mathrm{d}t}=KaM(t)-f(t) \tag{1-2}$$

$$Ka(t)=C_1 i(t)^{C_2}-C_3 i(t) \tag{1-3}$$

式中　$M(t)$——地表沉积污染物的质量，kg/hm^2；

$Ka(t)$——与雨强相关的侵蚀/溶解因子，1/s；

$i(t)$——有效降雨，m/s；

C_1、C_2和C_3——常数系数。

2）沉积物冲刷。

$$Me(t)=Kf(t) \tag{1-4}$$

式中　$Me(t)$——溶解或悬浮的污染物质量，kg/hm^2；

$f(t)$——污染物单位面积流量，$kg/(hm^2 \cdot s)$；

K——线性水库系数，s。

3）本底污染。本底污染是指合流制管道中本底流量，一般为生活污水。在模型中分为人口及污水曲线两个设置环节。前者描述区域污水的总量，是子集水区人口所产生的入流，根据 GIS 人口密度文件，计算每个子集水区的人口，子集水区所有人口产生的污水经汇集后进入排水管网；后者是描述污水流量的过程，即在一日内污水量是如何变化的。污水模型表达框架如图 1-14 所示。

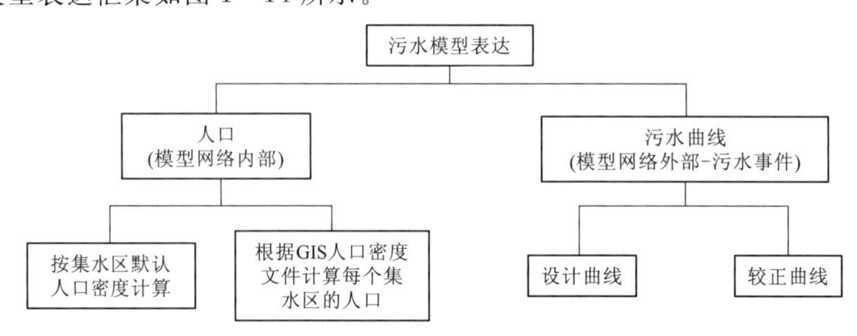

图 1-14　污水模型表达框架

综上所述，对于合流制溢流污染模拟，无论采用哪种模型，都必须真实地刻画合流制管道的水量和水质变化，对模型进行校验和率定，确保模型的准确可靠。常用模型工具比较见表1-6。

1.4.3 模型不同概化方式对模拟结果的影响分析

在合流制溢流模型构建中，汇水区划分及管网拓扑结构概化会对模拟精度产生影响，这种影响随着空间尺度和降雨强度不同而具有差异性。针对这一问题，宋瑞宁等利用InfoWorks ICM软件构建了小尺度公园的排水数值模型，分别以检查井和雨水口为节点划分汇水区，结果表明，在中小降雨条件下，两种汇水区划分方法对峰值流量模拟结果的影响不明显；在暴雨或特大暴雨的条件下，对峰值流量模拟结果的影响较大。赵冬泉等的研究结果表明，考虑地表坡度的空间差异性对汇水区的细分和流经路径的细化会对SWMM模拟结果产生影响，主要影响坡面径流总量、峰值和达到峰值的时间，但是对坡面径流曲线的形状影响比较小。

数值模型中汇水区的划分及排水路径的确定方法分为手工法和自动法两种。手工法是根据管段实际服务范围，结合地形及排水流向手工划分汇水区、指定排水路径，其对建模资料及操作人员的经验要求较高、建模时间长，但模型更接近实际；自动法是以检查井或雨水口为节点，采用泰森多边形法自动划分汇水区并自动就近接入节点，该方法简单易于操作、建模速度快，但与实际情况存在差异。管网概化则是从减少建模工作量、提高模型运行稳定性、加快运算速度角度出发，将同样管径的管段进行合并，减少检查井及管段数量，但管网概化忽略了被概化检查井的滞蓄作用，会带来一定误差。

合流制溢流模拟模型一般包括降雨径流模型和管网汇流模型两种。降雨径流模型概化主要包括子汇水区划分及汇水路径确定；管网汇流模型概化可保留实际所有管段和检查井，也可按照一定原则简化模型管网结构地面产汇流模型和管网汇流模型不同概化方式。简化原则为：①节点的位置设置在管道的交汇处、转弯处；②节点设在管径或坡度改变处；③在上述原则的基础上，合并管径相同的管段。

基于以上假设，以MIKEURBAN软件为例，以某一研究区为例，展示模型概化的三种方式及三种概化方式对模拟精度的影响。

1. 模型概化方案

(1) 方案1。方案1按照研究区域实际情况构建排水数值模型。以地块为子汇水区，根据地块的实际排水走向手动指定汇流路径；而道路则以检查井为节点，利用泰森多边形原理自动剖分子汇水区，并就近连接检查井。该方案最为接近实际情况，工作量最大，本书称为“实际模型”。

(2) 方案2。方案2以检查井为概化节点，基于泰森多边形原理，自动划分子汇水区，并就近接入管网检查井，不考虑实际排水路径。该方案在实际模型构建中应用最为

表 1-6　常用模型工具比较

模型	产汇流模拟	管流模拟	低影响开发设施模拟	构筑物模拟	模型维度	计算能力	操作难易程度	推广难易程度
SWMM	提供5种渗透模型，包括Horton、Green-Ampt、Curve Numben等。参数多，率定复杂，容易出现异参同效及局部最优的问题	提供三种模型，常用动力波模型。	低影响开发模块功能丰富，包含了常用的低影响开发设施，例如下凹绿地、透水铺装、绿色屋顶等	可以模拟调蓄池、孔、泵、堰；调度规则设置较为复杂	一维，不能模拟地表漫流	可进行单场降雨和连续性降雨模拟，模型计算稳定，不支持并行计算，计算时间较慢	模型界面简单，且提供了详细的操作手册及案例研究，便于技术人员使用	开源软件，方便推广使用
MIKE+/MIKE URBAN	提供多种产汇流模型，能够最为接近真实物理过程的模拟入流和渗透过程，能够评价任何基础设施。其中时间-面积模型在城市区域应用效果较高，参数少，便于率定	动力波模型	可以直接调用软件中内嵌SWMM 5.1进行低影响开发模拟。也可以使用自身Mouse引擎进行模拟，使用soakaways实现低影响开发设施蓄渗的模拟	可以模拟调蓄池、闸、孔、堰、泵；调度规则设施较为简单	能够模拟地表积水，也可以基于MIKE-Flood平台与MIKE 21进行耦合模拟	具有MOUSE和SWMM两个计算引擎，可进行长时间模拟，支持并行计算	界面较为复杂，需要一定的ArcGIS软件使用基础。2021年之前版本集成度不高，与河道模型、二维模型独立，使用时需要基于MIKEFlood平台进行耦合	商业软件，需要购买使用
Info-Works ICM	提供多种产汇流模型，包括但不限于固定径流系数，Horton、Green-Ampt、SCS等产流模型，以及Wallingford、Large Catch等汇流模型，率定参数较多	动力波模型	包括水文和水动力的模拟方法，可以在集水区的批量设置，也可以详细模拟单个的低影响开发设施，辅助设计	可以模拟调蓄池、闸、孔、堰、泵；调度规则设施较为简单	二维，能够模拟地表漫流	使用可变步长的稳定性的计算引擎，许多附带的图和报告组件，包括提示和数据管理工具能够并行计算，利用独立显卡，支持多任务，多电脑，远程计算，可以利用硬件提升计算速度	需要良好掌握ArcGIS基础才能使用软件，需要接受软件培训	商业软件，需要购买使用

广泛，也是最节省人力和物力的概化方式，本书称为“传统模型”。

（3）方案3。方案3按照一定原则简化管线，然后基于泰森多边形原理自动划分汇水区，并就近接入管网简化的节点，不考虑实际排水路径。该方案一般在传统模型的基础上，从提高模型稳定性，加快模型运算速度出发，对模型进行了简化，本书称为“简化模型”。

三个方案模型概化结果具体见表1-7，不同模型概化方案如图1-15所示。

表1-7　　各方案模型概化结果

要　素	方案1	方案2	方案3
区域面积/hm^2	539.671	539.671	539.671
管线长度/m	39663.4	39663.4	39663.4
管段数/段	682	682	448
节点个数/个	697	697	463
子汇水区个数/个	792	534	321

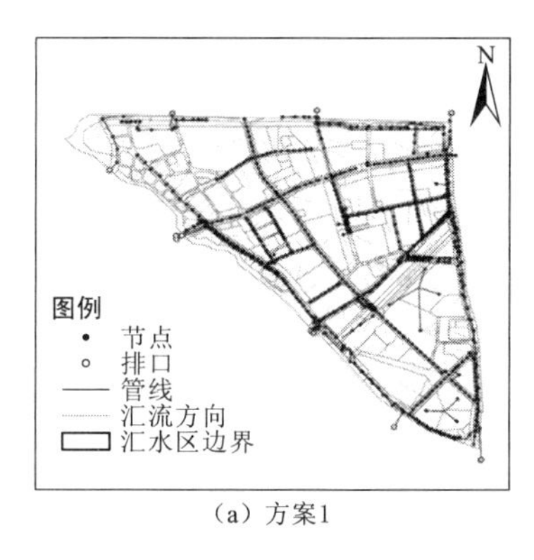

(a) 方案1

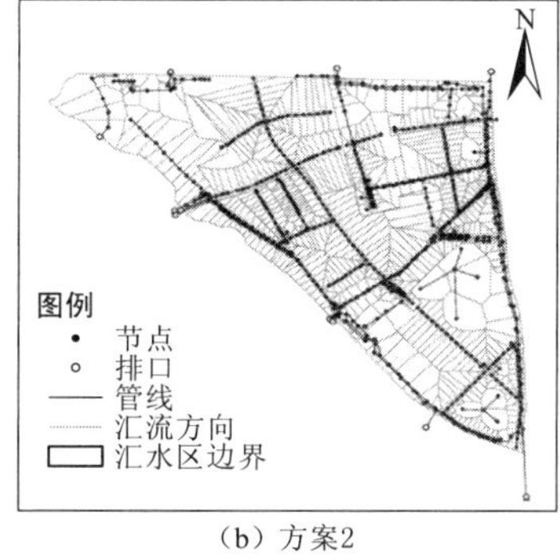

(b) 方案2

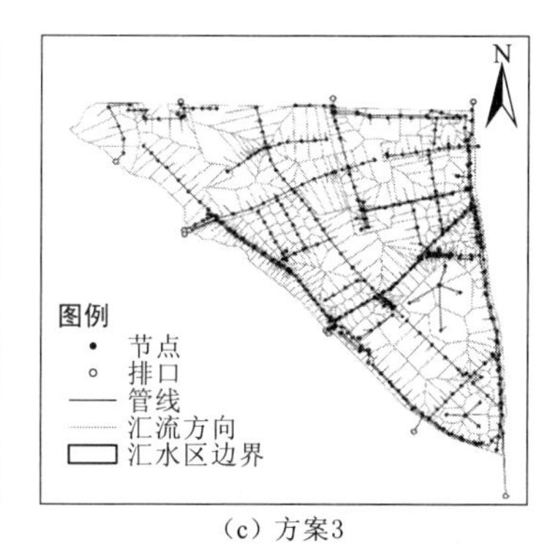

(c) 方案3

图1-15　不同模型概化方案

2. 模拟精度分析

（1）各方案模拟精度汇总。以实测降雨1为率定数据，实测降雨2为验证数据，分别采用相关性系数、纳什系数和平均相对偏差量化各方案模拟精度的差异，模型率定及验证结果如图1-16所示，各方案模拟精度见表1-8。

表1-8　　各方案模拟精度

阶段	评价指标	方案1	方案2	方案3
率定	R^2	0.94	0.91	0.92
	NSE	0.83	0.84	0.84
	BIAS	0.81	0.78	0.79
验证	R^2	0.86	0.91	0.93
	NSE	0.51	0.56	0.58
	BIAS	0.68	0.73	0.79

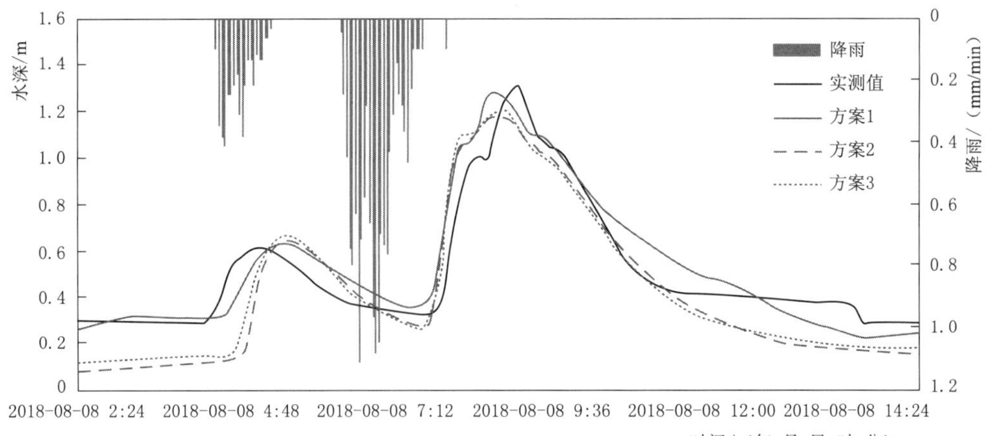

（a）模型率定结果

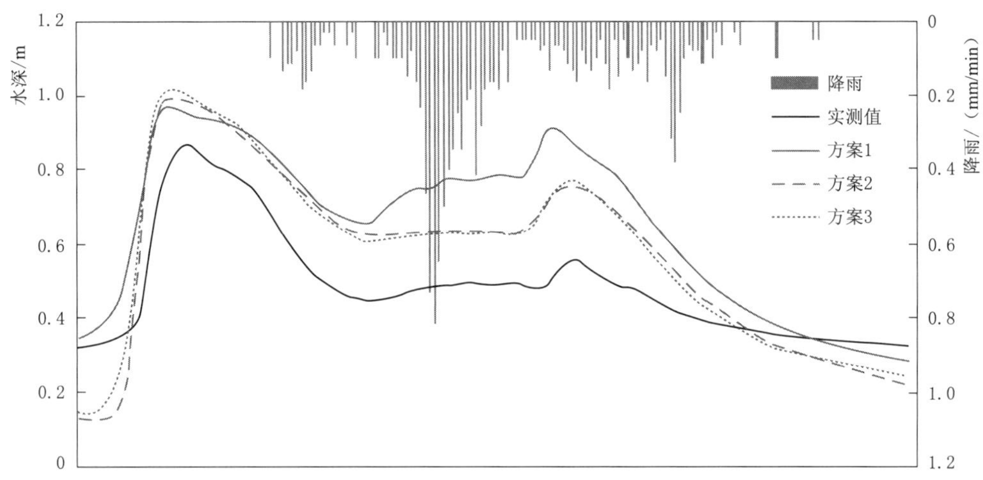

（b）模型验证结果

图 1-16　模型率定及验证结果

整体来看，在率定和验证阶段各方案相关性都比较好，其中率定阶段各方案 R^2 值均大于 0.91，验证阶段均大于 0.86，说明模型模拟与实测数值过程趋势线基本一致，精度较好。各方案之间比较结果表明，方案 1 在率定阶段 R^2 为 0.94，验证阶段 R^2 为 0.86，而方案 2、方案 3 在率定和验证过程中 R^2 没有明显变化。相对而言，方案 2 和方案 3 差异不大，但二者与方案 1 结果差异较大。R^2 侧重表示模拟结果与实测结果的线性相关程度。由此可见，模型概化方式不会改变模拟趋势。

NSE 和 *BIAS* 则用以评价模拟结果曲线与监测结果曲线的吻合程度以及峰值拟合的精确度。率定阶段各方案 *NSE* 值接近，为 0.83～0.84；各方案 *BIAS* 值的差值也很小。验证阶段方案 2、方案 3 的 *NSE* 值和 *BIAS* 值均大于方案 1，而方案 3 的两个指标值又大

于方案 2。说明在峰值刻画及整体精度方面，“简化模型”效果最佳。

综合上所述，方案 3 即简化模型模拟精度最高，其次是传统模型。实际模型虽然建模过程更加符合实际，但模拟结果的精度却最差。

（2）对主要模拟结果的影响分析。基于设计降雨，选择流量峰现时间、峰值流量两个主要模拟结果进行横向比较，设计降雨条件下流量模拟结果如图 1-17 所示，各方案不同模拟要素结果汇总见表 1-9。

表 1-9　　各方案不同模拟要素结果汇总

影响因素	设计降雨重现期	方案 1	方案 2	方案 3
峰现时间	1 年一遇	1：16：00	1：12：00	1：10：00
	3 年一遇	1：12：00	1：08：00	1：08：00
	5 年一遇	1：10：00	1：04：00	1：04：00
峰值流量/(m^3/s)	1 年一遇	0.81	0.82	0.84
	3 年一遇	1.29	1.33	1.42
	5 年一遇	1.76	1.83	1.94

针对峰现时间这一指标，在相同降雨条件及参数设置条件下，方案 2 和方案 3 峰值均出现在降雨开始后 1h 以后，两个方案对应峰现时间仅在 1 年一遇重现期下有差异；方案 2 和方案 3 峰现时间较方案 1 提前 5.2%～8.7%。随着设计降雨重现期由 1 年一遇提高至 5 年一遇，各方案峰现时间也提前 6～8min。针对峰值流量这一指标，三种方案峰值流量依次增加；方案 2 比方案 1 峰值流量增加 1.23%～5.68%，方案 3 比方案 1 峰值流量增加 1.38%～10.06%，峰值流量差异随着降雨量的增大呈现逐渐增大的趋势。

整体来看，排水分区概化及管线简化提高了模型的峰值流量，并使得峰现时间提前，而按照实际情况构建的模型由于汇水区水量更多，增加了模型内汇流时间差异性，因此降低了其流量峰值，延缓了峰现时间。

（3）小结。

1）模型不同概化方式不会影响模拟趋势。率定和验证阶段，三个方案的 R^2 都可以达到 0.86 以上，其中“传统模型”和“简化模型”R^2 达到 0.91 以上。

2）相对而言，“简化模型”的模拟精度更高，更能刻画峰值过程，在率定和验证阶段，*NSE* 和 *BIAS* 都是最高的。

3）模型不同概化方式影响峰现时间、峰值流量，“传统模型”和“简化模型”较“实际模型”峰现时间提前，峰值流量增加。

4）模型不同概化方式对峰值流量的影响随降雨强度增加而增大。

本研究结论是在排水分区尺度（面积约为 97.5hm^2）上得出，随着空间尺度增加或缩小，结论可能会有差异。除此之外，汇水区内部管网概化（如地块内部或小区内部管线概化）、雨水篦子的简化也是模型概化的重要内容，需要进一步探讨。

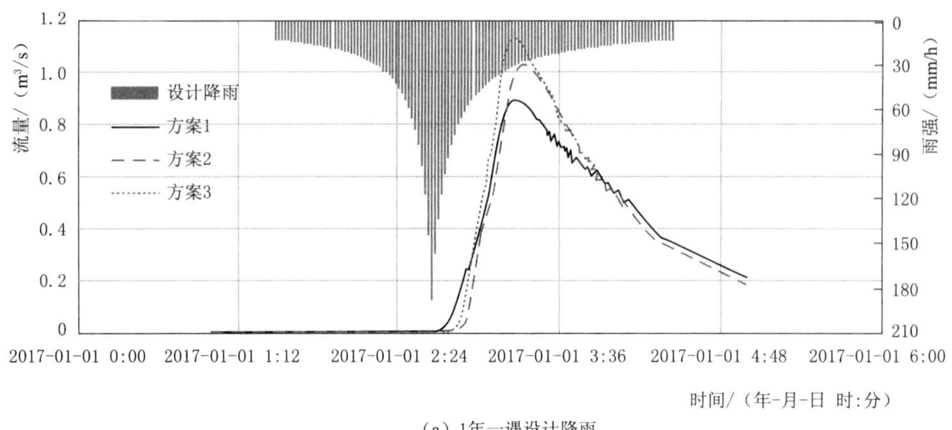

（a）1年一遇设计降雨

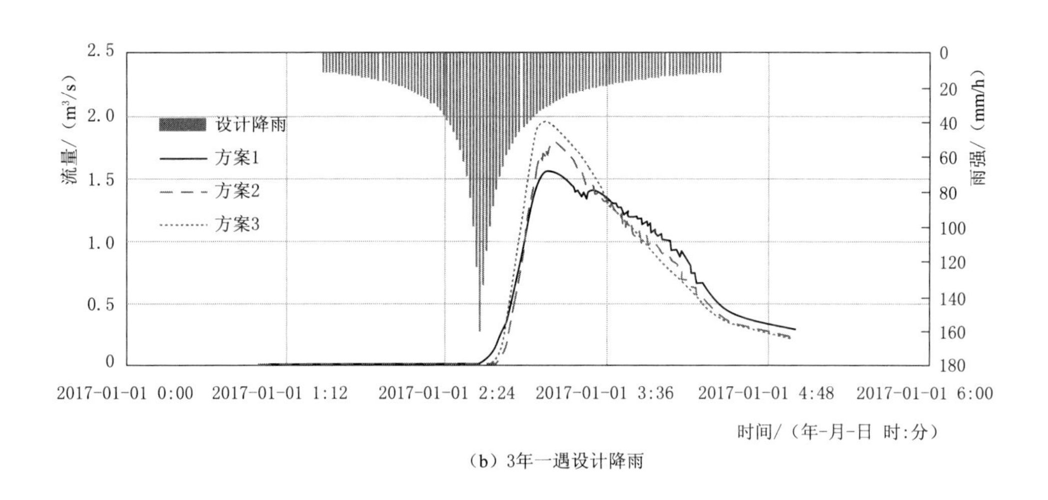

（b）3年一遇设计降雨

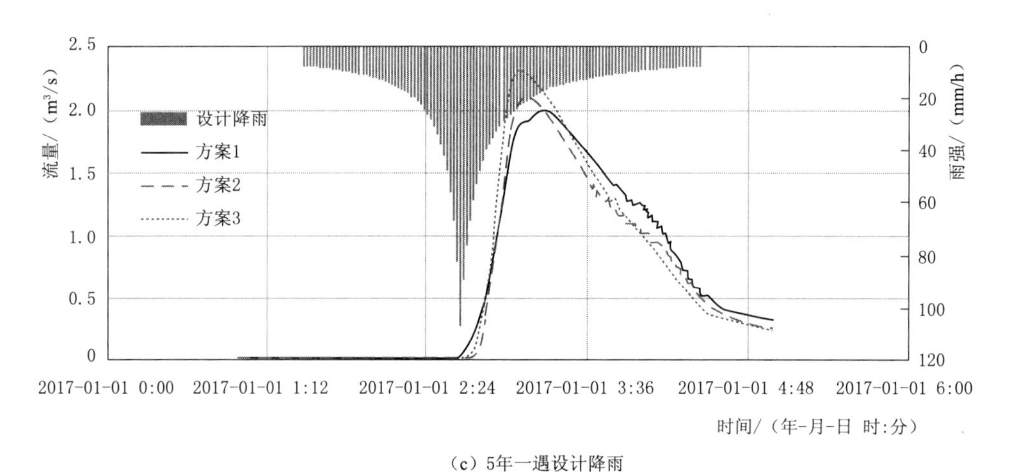

（c）5年一遇设计降雨

图 1-17　设计降雨条件下流量模拟结果

1.5 合流制溢流研究中的关键问题

1.5.1 合流制溢流特征识别

对于合流制溢流污染治理工作来说，摸清溢流特征有助于提高后续工程的针对性。合流制溢流特征主要包含溢流水量、溢流水质以及溢流发生的临界雨量三个方面，具体来说就是要摸清楚某个区域的排口或者某一个排口溢流发生的临界雨量值，要明确溢流水量水质的变化特征、水质指标的浓度范围等。李贺、李思远等诸多学者通过监测手段分别对上海、苏南、北京北运河上游、珠海等地区的合流制溢流污染特征进行了研究，结果表明合流制溢流具有流量高、历时短、污染物含量高的特点，溢流特征受降雨、下垫面、管网截流等多种因素影响；溢流污水水质较差，溢流过程中浓度变化较大，并与降雨特征密切相关，存在地域差异。

合流制溢流是一个系统性问题，但目前研究多集中于对排口溢流特征识别，对厂前溢流及污水处理厂跨越溢流的研究较少，更加关注溢流水量和水质，对溢流发生的临界雨量研究不多。此外，受监测条件及成本制约，国内各城市对合流制溢流的监测以个别点或典型片区为主，在城市尺度上进行整体监测的案例不多。

但合流制溢流监测和特征识别比较困难，一方面是因为上文所述溢流特征受降雨等多种因素影响，另一方面是因为缺少高分辨率的“网—厂—河”协同监测，具体表现在：①偏重于对排口的监测，缺少对河道及末端污水处理厂的同步监测及分析；②在排口监测方面，水质取样多依赖人工，难以保障采样精度且监测频次较低，难以实现水质水量的同步监测；③在河道监测方面，水质监测频次多以天为单位，监测数据无法准确反映降雨过程中的河道水质变化，上述问题制约了合流制溢流特征的识别。

1.5.2 合流制溢流控制目标与指标确定

开展合流制溢流污染控制的前提是明确控制目标及对应的控制指标。目前，合流制溢流控制的相关指标主要有溢流频次、溢流体积控制率、污染物总量削减率等。国内外很多国家和城市，针对合流制溢流污染控制标准进行了大量的研究和实践。美国合流制溢流控制标准受不同时期政策的影响有不同的确定方法，实践中主要是通过推定法和实证法来确定。不同城市在治理过程中，根据自己的情况选择了不同的控制指标。其中，亚特兰大、圣路易斯、拉斐特、波特兰、亚历山大等市采用年溢流频次指标，允许年溢流 4 次为控制标准；西雅图要求较高，仅允许溢流 1 次。波士顿、埃尔金、威明顿、奥马哈等市采用年溢流体积控制率指标，控制标准为溢流体系控制率不低于 85%；新泽西州要求控制 89%的溢流量。费城位于河流下游，受上游来水水质的影响，在确定合流制溢流污染控制目标时，选择了容易量化和操作的控制目标，即溢流次数和溢流量。欧洲各国采用指标和标准不一，其中荷兰、比利时以溢流频次为控制指标，控制标准分别为 3～10 次和 7 次；英国则是以细菌浓度、氨标准和氧标准为控制指标。

就国内而言，合流制溢流控制目标尚无相关法规，《海绵城市建设评价标准》（GB/T 51345—2018）中首次提出合流制溢流控制标准为 SS 控制标准，这一标准是综合考虑经济成本及现有技术条件提出的，而非基于水质管理目标。国内各城市控制标准和指标各不相同，北京市以控制降雨量 33mm 为目标，武汉黄孝河流域的合流制溢流污染控制标准为溢流频次不超过 10 次，上海市则以溢流污染控制率 80%（对应降雨量 19mm）为控制目标。

戴立峰以武汉市吴家山雨量站近 33 年共 4012 场日降雨数据为基础，建立了年溢流频次与日降雨量、溢流场次控制了与小时雨强关系。研究发现，控制 50.3mm 降雨不溢流，可实现年溢流频次在 5 次左右；控制降雨强度小于 5mm/h 不溢流时，可实现年降雨总场次的 78.7%不溢流。王婷婷在研究镇江运粮河合流制溢流控制标准分析时，以水体水质为目标导向，研究发现重点排口 COD、排放量需削减 85%、NH_3-N 排放量需削减 75%，对应年溢流频率应控制在 30 场以内。在通州国家海绵城市试点区实践时，控制标准按溢流频次设定，确定为 4 次。在此背景下，合流制溢流控制目标更应关注是否符合区域特点、是否符合管理要求。在确定控制目标后，应详细阐述该目标的内涵，并选择便于管理者和设计人员理解的控制指标，给出实现该目标的治理方案以及预估治理效果。

以受纳水体水质达标为目标的控制标准，在规划设计阶段需要大量的现状基础监测资料。目前，我国在受纳水体水质现状方面存在短板，且受滨河区域降雨径流污染等多种因素干扰，基于水质的控制目标实现起来存在困难。实践过程控制标准仍然以年溢流频次和年溢流体积控制率为主。

合流制溢流是一个复杂的问题，而当前国家层面上缺少相关法规、政策及标准规范，国内各城市多参照欧美国家经验，选择不同的合流制溢流的控制指标和控制目标，这就造成了合流制溢流工程实践中也存在着不同的技术路径，总体来说可以分为以溢流频次为控制目标和以控制雨量为控制目标的两大技术路径。以溢流频次为控制目标的技术路径以溢流频次作为合流制溢流控制指标，优点是便于管理和考核，但具体实践中需要解决如下三个问题：①需要界定什么叫“一次溢流”，明确溢流次数的判定标准；②在工程设计又如何实现溢流频次的目标，即如何将管理目标转化为设计指标，目前多借助数值模型手段来实现；③需要明确控制目标下的具体效果，即要说清楚溢流频次与溢流量、溢流负荷的关系。以控制雨量为控制目标的技术路径以控制雨量为控制目标对规划和设计人员来说较为友好，工程设计中按照控制雨量很容易计算得出工程规模。但是这种存在如下三个问题：①如何相对合理的确定控制雨量；②要说清楚控制雨量对应的实际效果；③难以考核。因降雨相差万别，只给一个雨量值，不给雨型，不同雨型分配过程对溢流影响差异巨大。无论是以溢流次数为控制指标还是以溢流体积控制为指标，最终目标均是削减溢流污染。因此，不应过多纠结控制目标和控制指标确定的是否合理，而是要尽快基于监测数据，建立起控制指标与设计指标、表征工程效果指标的关联，制定调控方案并予以实施，在工程实施后，同样基于监测量化效果，进而对控制目标进行修正，如此循环，直至实现最终目标或不断提高目标。

1.5.3 合流制溢流末端调蓄池规模设计

无论何种排水系统，修建调蓄池或地下调蓄隧道，已是国外大城市雨水径流和合流污水溢流污染控制的常见方法。但在调蓄池建设过程中，面临的一个关键问题便是确定调蓄池规模。在污水截流管及污水处理厂的规模确定的前提下，若调蓄池规模较小，则会导致合流制管道溢流事件的发生，溢流污水将直接排入城市周边受纳水体，进而污染受纳水体；若调蓄池规模过大，则将增加工程投资量，造成不必要的经济浪费。调蓄池规模成为受多因素约束的系统工程问题，其规模的确定需要兼顾污染防治目标和经济成本。

欧洲一般按不透水表面和降雨量设计，多采用 1.5～4.0mm/hm^2 作为调蓄池设计标准，该设计目标是基于调蓄储存 90%污染物；德国设计规范 ATV A128 中，对合流制排水系统溢流雨水的处理目标定为控制排入水体的污染物负荷量最小化，即要求合流制排水系统排入水体的污染物负荷不大于分流制排水系统排入水体的污染物负荷，给出了简化公式；日本同样要求合流制排水系统排放的污染物负荷量与分流制排水系统排放的污染物负荷量相当，具体做法是依靠模拟实验，根据设定目标，研究截留量和调蓄池容积关系，在根据实际应用效果的评估，确定合理的调蓄池容量。德国和日本所采用的方法统称为以池容当量降雨量为依据的调蓄池计算方法，更关注合流制溢流的水质目标。美国调蓄池的计算则是通过 SWMM 模型和管网水力学模型计算调蓄池容积，其本质是基于降雨强度、降雨历时和降雨重现期，暴雨重现期（例如 1 年、5 年或 10 年），雨量的年代记录或现场的持续年份流量测量记录来确定调蓄池容积的。国外调蓄池设计方法汇总见表 1-10。

表 1-10　　国外调蓄池设计方法汇总

国家	设计方法	方法说明
欧洲	模型模拟	按不透水表面和降雨量设计，多采用 1.5～4.0mm/hm^2 作为调蓄池设计标准，该设计目标是基于调蓄储存 90%污染物
美国	模型模拟	通过建立管网模型，根据相关设计标准或目标（如溢流频率或污染负荷削减目标值）确定调蓄池容积。一些城市的调蓄池设计方法是对某设计降雨下的溢流污水调蓄一定的时间，如“对 10 年一遇降雨事件前 30min 的溢流污水进行调蓄”

续表

国家	设计方法	方法说明
德国	计算公式	合流制排水系统排入水体的污染物负荷不大于分流制排水系统排入水体的污染物负荷，结合排水系统相关参数确定调蓄池容积。 计算公式为 $V=1.5\times V_{SR}\times A_U$ 式中，V——调蓄池容积，m^3；V_{SR}——每公顷面积需调蓄的雨水量，m^3/hm^2；A_U——非渗透面积，hm^2
日本	模型模拟	根据“合流制排水系统排放的污染负荷量不大于分流制系统”的污染物削减目标，依靠模拟试验，研究截流量与调蓄池规模的关系，再通过对实际应用效果的评估，确定合理的调蓄池容积
意大利	模型模拟	使用模型模拟 CSO 调蓄池的运行情况，通过分析不同控制体积和控制效率之间的关系，寻找调蓄池体积在某范围内可以获得比较高的控制效率

国内大多关注水量控制目标，总结国内合流制溢流调蓄池规模确定的方法，其主要包括：

（1）通过统计旱季污水量，结合截流倍数按照住房和城乡建设部颁布的《室外排水设计规范》，取值 1～5 之间或参照国内外经验进行取值，进而确定调蓄池规模。

（2）通过统计区域不透水面面积，结合单位不透水面积对应调蓄池规模，确定区域调蓄池总规模。

（3）通过建立数学模型，依靠个别场次或某一年度溢流量模拟结果，确定调蓄池规模，但这些方法不确定因素众多。

合流制溢流控制的最终目标是削减合流制溢流污染物，因此实现溢流污染控制目标的调蓄规模才是科学合理的。但影响调蓄池规模的因素众多，如区域降雨条件、管网情况、人口分布情况、下垫面情况等，因地制宜采用科学的方法确定调蓄池规模是值得深入研究的问题。

1.6 小结

在 2010 年之前，合流制溢流污染并没有受到太多关注，随着国内水环境治理工作的不断深化，当污水管网覆盖度逐步提高，污水直排问题得到解决后，合流制溢流污染逐渐成为制约河道水环境改善的主要因素，开始被越来越多的人所关注。如前文所述，国外的发展经验已经表明要做好合流制溢流控制工作首先要科学认识合流制改分流制的必要性。合流制改分流制是控制合流制溢流污染的一种有效手段而非唯一手段，对于一些地区合流制改成分流制后，并不能减少入河污染。因此，合流制溢流控制要因地制宜，适合做分流改造的进行分流改造，不适合的采用其他措施进行控制，切不可采取合流制改分流制一刀切的治理模式。其次，重视源头控制和过程控制措施对合流制溢流控制的贡献。在考虑了源头和过程控制措施之后，将灰色和绿色设施结合，在末端建设调蓄设施，实现最终控制目标。

海绵城市建设为合流制溢流全过程控制理念的落实提供了有效抓手。在规划层面上，首先要通过开展系统全面的监测，摸清区域合流制溢流特征及现状；其次，结合区域特点及水质管理需求，制定合理的控制目标及指标；最后，统筹源头控制的低影响开发，过程截污管线改造及雨污分流改造，末端控制设施建设三个环节，从系统最优角度出发提出控制方案，并纳入绵城市专项规划或海绵城市建设系统化方案中。在设计层面上，针对合流制末端调蓄池针对除此之外，还应通过管理手段，出台相关政策，制定合流制溢流治理规划，结合智慧水务建设，减少合流制溢流污染负荷。

第2章

基于网厂河同步监测的合流制溢流特征分析

目前在合流制溢流监测方面，偏重于对排口的监测，缺少对河道及末端污水处理厂的同步监测及分析；在排口监测方面，水质取样多依赖人工，难以保障采样精度且监测频次较低，难以实现水质水量的同步监测；在河道监测方面，水质监测频次多以天为单位，监测数据无法准确反映降雨过程中的河道水质变化。上述问题制约了合流制排水系统总体规律的识别，无法将溢流污染与河道水质进行关联。

本章基于覆盖管网、污水处理厂及河道的水质水量同步监测，总结合流制排水系统主要溢流环节溢流发生的规律，进而建立了基于合流制溢流系数的溢流量计算模型，分析了溢流规律。研究结果可支撑北京市合流制溢流治理工作，也可为国内其他城市合流制溢流治理提供借鉴。

2.1 区域概况

河流L是北京中心城四大排水河道之一，位于中心城区南部，干流总长68.41km，流域面积629.7km^2，是北京中心城四大流域中面积最大的河流。流域属于温带季风气候，近10年（2008—2017年）平均降雨量为545mm，降雨主要集中在汛期6—9月。

本书选择河流L城区段为研究区，面积约为189km^2，L河流域区位及监测点位图如图2-1所示。区域地势自西北向东南逐渐降低，下垫面类型丰富，有老城区、新建区也有城郊结合区。近年来，经过截污治污、河道清淤、生态护案等治理工程，城区段水质基本还清，满足地表水功能区划要求。

研究区排水体制包含分流制和合流制两种，其中合流制排水区域约占总面积的1/4。经勘测，两岸共分布有合流制排口23处（由上到下编号1～23），排口类型包括圆管和方涵，尺寸最大为4000mm，最小为800mm，全部采用堰式截流，设计截流倍数为1。流域内4座污水处理厂总处理能力为138万m^3/d，水厂之间通过污水干管互联，实现各水厂进场水量调配。由于处理工艺限制，仅末端污水处理厂D具有短期应对超负荷污水冲击的能力。在流域发生降雨时，当上游污水处理厂满负荷合时，区域内污水会通过调度进

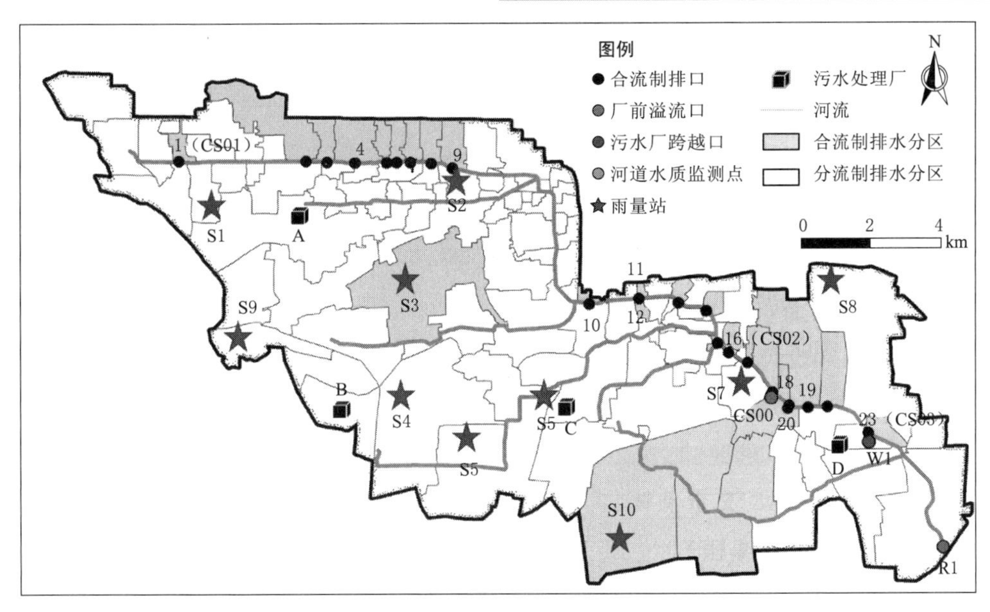

图 2-1　L 河流域区位及监测点位图

入污水处理厂 D，超出该厂处理负荷后跨越排入 L 河。在距离污水处理厂 D 3km 处有 1 处厂前溢流口，为确保污水处理厂安全，在进场水量超过阈值后，会发生溢流。

综上所述，研究区合流制排水系统溢流主要发生在如下三个环节：①排口溢流，即超过管道截流能力在截流井末端排口处发生的溢流；②厂前溢流，即截流到污水管网的合流污水超过了管网输送能力或者下游污水处理厂进场水位过高造成污水通过进厂前溢流口溢流；③跨越溢流，即超过污水处理厂处理能力的污水通过污水处理厂粗格栅后（仅去垃圾漂浮物）直接排放入河。研究区合流制排水系统概化图如图 2-2 所示，以下将三个环节统称溢流排放。

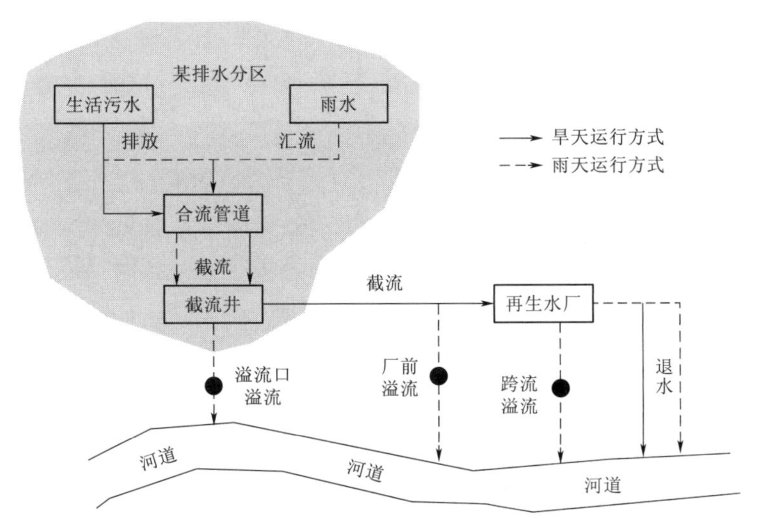

图 2-2　研究区合流制排水系统概化图

2.2 监测方案及获取数据情况

2.2.1 监测方案

各监测点对应排水分区（收水范围）信息见表2-1。根据排口对应上游排水分区面积大小及下垫面类型，选择3处合流制管网溢流口进行监测（即图2-1中的2、16、22，重编号为CSO1、COS2和CSO3），同时对厂前溢流口（CSO0）和污水处理厂跨越口（W1）进行监测。在河道末端设置1处水质监测点，编号为R1。为更加准确反映降雨空间分布，布设10处雨量监测站点，覆盖整个研究区，编号S1～S10。

表2-1　各监测点对应排水分区(收水范围)信息

排口	面积/hm^2	下垫面类型/%				
		绿地	裸地	水域	建筑	道路
CSO1	238.0	16.3	3.0	0	68.6	12.1
CSO2	34.7	0	0	0	96.0	4.0
CSO3	152.6	6.1	8.0	0	75.5	10.4
CSO0	13358.3*	10.3	3.3	0.3	73.8	12.3
W1	18879.8*	14.4	4.7	0.5	69.3	11.1

* CSO0和W1为厂前溢流口和污水处理厂跨越口对应的收水范围。

合流制溢流管网溢流口及厂前溢流口流量监测选用堰式测流设备，如图2-3所示。水质监测设备选用自主研发的智能采样器（专利号ZL201720745546.9），可实现在溢流发生的第一时刻取样，自主研发的水质自动采样器如图2-4所示。当溢流发生时，自动采样器从排口处采集污水，并保存于500mL的聚乙烯瓶中。样品采集时间间隔设定：溢流发生后前半小时为每5min取样1次，30min至1h为每10min取样1次，溢流1h后为

图2-3　堰式测流装置

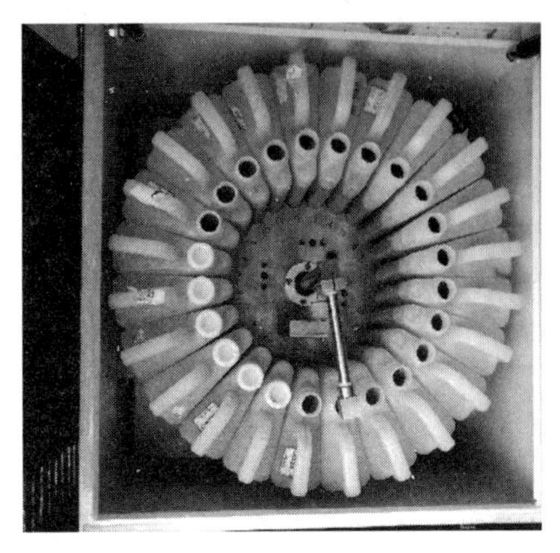

图 2-4　自主研发的水质自动采样器

30min 取样 1 次，直至 24 个采样瓶取样完毕或溢流结束。

污水处理厂跨越口水量数据来在线流量监测设备，分辨率为 1h。采用基于量子点光谱传感技术原理的监测设备对河道水质进行监测，监测频次为 10min/次；流量数据来自临近水文站监测数据，监测频次为 1～2h/次。

2.2.2　获取数据汇总

研究期间，共获取有效降雨（24h 累积降雨大于 0.2mm 以上降雨）场次 13 场，其中 7 场获取到了溢流口流量及水质监测数据，4 场获取了污水处理厂跨越数据，7 场获取了河道水质及流量监测数据，所有获取的监测数据汇总见表 2-2。

表 2-2　　监测数据汇总

序号	监测数据类型	指标	数量	时　间	数据分辨率
1	降雨数据	降雨量 降雨时间	10 个站点 13 个场次	2020 年 7—9 月	5min
2	排口及厂前溢流口流量监测数据	流量	4 个排口 7 个场次	2020 年 7—9 月	5min
3	排口及厂前溢流口水质监测数据	COD	4 个排口 7 个场次	2020 年 7—9 月	5min～0.5h
4	污水处理厂跨越量	流量	4 场降雨	2020 年 7—9 月	1h
5	河道水质及流量监测数据	COD 流量	10 场降雨	2020 年 8—9 月	水质 5min 流量 1～2h

注　本书中 COD 指 COD_{Cr}。

2.2.3　分析方法

1. 次降雨径流平均浓度（EMC）

在降雨产流过程中，降雨强度存在随机性和极大的不确定性，降雨径流污染物浓度受降雨时间和降雨强度影响，浓度波动较大，因此采用次降雨径流平均浓度（Event Mean Concentration，EMC）来计算地表径流污染物浓度，其单位为mg/L。EMC是一次降雨事件中某个地点产生的总污染物量除以降雨期间排放的总径流量，其计算公式为

$$\mathrm{EMC}=\overline{C}=\frac{M}{V}=\frac{\int_0^T C(t)Q(t)\mathrm{d}t}{\int_0^T Q(t)\mathrm{d}t} \tag{2-1}$$

式中 $C(t)$——某污染物在t时的瞬时浓度，mg/L；

$Q(t)$——地表径流在t时的径流排水量，m^3/s；

M——某场降雨径流所排放的某污染物总量，g；

V——某场降雨所引起的总的地表径流体积，m^3；

T——某场降雨的总历时，s。

在实际应用中，EMC一般用近似计算，即

$$\mathrm{EMC}=\frac{\sum_{i=1}^{n} C_i V_i}{\sum_{i=1}^{n} V_i} \tag{2-2}$$

2. 累积曲线$M(V)$

该曲线的横坐标为场次降雨累积径流量与径流总量之比，纵坐标为污染物累积负荷与污染物负荷总量之比，当曲线$M(V)$的斜率大于1时，即曲线在45°对角线上方时，表明污染物的累积速率大于径流量的累积速率，这时表明存在初期冲刷，反之则不存在初期冲刷效应。累积曲线$M(V)$计算公式为

$$M(V)=\frac{M(t)}{V(t)}=\frac{\int_0^t Q(t)\rho(t)\mathrm{d}t/\int_0^t Q(t)\rho(t)\mathrm{d}t}{\int_0^t Q(t)\mathrm{d}t/\int_0^t Q(t)\mathrm{d}t}\approx\frac{\sum_{i=0}^{k}\overline{Q}(t_i)\overline{\rho}(t_i)\Delta t/\sum_{i=0}^{n}\overline{Q}(t_i)\overline{\rho}(t_i)\Delta t}{\sum_{i=0}^{k}\overline{Q}(t_i)\Delta t/\sum_{i=0}^{n}\overline{Q}(t_i)\Delta t/} \tag{2-3}$$

式中 $M(t)$——t时刻降雨过程排放的污染物负荷量，mg；

$V(t)$——t时刻降雨过程排放的径流量，L/min；

$Q(t)$——t时刻的瞬时径流量，L/min；

$\rho(t)$——t时刻的瞬时污染物浓度，mg/L；

T——从降雨产生径流到结束持续时间，min；

$\overline{Q}(t_i)$——t_i时刻Δt计算时间段内径流量平均值，L/min。

3. 相关性分析

相关性分析采用SPSS和Excel软件。

2.3 合流制溢流特征分析

2.3.1 临界雨量分析

为更加准确反映降雨和溢流关系，在溢流规律分析中，考虑到降雨空间差异性，管网溢流口采用其排水分区最近的雨量站进行分析，而厂前溢流口和污水处理厂跨越口汇集了上游流域的排水，因此采用平均雨量。即CSO1采用S1监测值，CSO2、CSO3采用S7监测值，CSO0和W1采用10个雨量站的平均值分析。

在整个合流制排水系统中，溢流量通常受降雨、排水分区面积及下垫面情况、截流倍数、污水管网设计能力和污水处理能力等因素影响。在本书中，截流倍数、污水管网排水能力及污水处理厂处理能力都是确定的，厂前溢流口和污水处理厂跨越口对应的收水区域也是固定的，因此降雨是影响合流制溢流三个溢流环节溢流量的共同因素；而除了降雨，排水分区面积大小是影响合流制管网排口溢流量的另一关键因素。

将所有监测降雨数据进行汇总分析，统计各场次降雨下是否发生溢流，场次降雨特征及溢流情况汇总表见表2-3。场次平均降雨强度为一场降雨量与降雨历时之比，依据《降水量等级》（GB/T 28592—2012）划分场次降雨等级，13场降雨中包含小雨5场、中雨2场、大雨4场、暴雨1场、大暴雨1场，覆盖所有降雨等级。

表2-3　场次降雨特征及溢流情况汇总

降雨场次编号	雨量范围/mm	平均降雨历时/h	平均降雨量/mm	平均降雨强度/(mm/h)	降雨等级（以12h计）	是否发生溢流		
						管网排口	厂前溢流口	跨越口
1	0～3.5	2.88	1.18	0.41	小雨	否	否	否
2	3.0～28.0	0.70	16.62	23.74	大雨	否	是	是
3	0.7～12.5	1.78	3.94	2.21	小雨	否	否	否
4	17.0～29.0	1.02	23.15	22.77	大雨	全部	是	是
5	56.5～111.9	12.43	89.98	7.24	大暴雨	全部	是	是
6	2.0～17.5	8.35	9.36	1.12	中雨	部分	是	否
7	23.5～71.0	10.23	52.23	5.10	暴雨	全部	是	是
8	0～10.0	4.35	3.69	0.85	小雨	否	否	否
9	3.0～24.0	19.82	10.96	0.55	中雨	否	否	否
10	0.5～5.5	0.75	2.46	3.28	小雨	否	否	否
11	0.5～5.5	1.70	1.41	0.83	小雨	否	否	否
12	12.8～37.0	6.13	22.65	3.69	大雨	全部	是	否
13	12.5～46.5	8.78	23.06	2.63	大雨	全部	是	否

注　全部指所有管网排口皆发生溢流；部分指所有管网排口中有部分发生溢流。

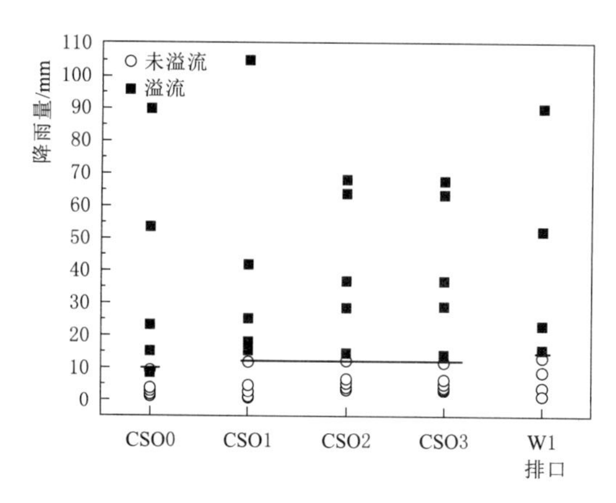

图 2-5 各监测点场次降雨量与溢流的关系

分析不同降雨等级下溢流情况可知，暴雨及以上等级降雨情况下，合流制排水系统三个环节全部发生溢流，而小雨情况下各环节均不溢流；大雨情况下合流制溢流排口和厂前溢流口全部发生溢流，50%的降雨场次下污水处理厂发生跨越；中雨情况下，厂前溢流口发生溢流，而仅部分管网排口会发生溢流。在此基础上进一步分析降雨量与溢流关系，各监测点场次降雨量与溢流的关系如图 2-5 所示。通过对比可知，CSO0 溢流临界雨量值最低，为 9mm；当降雨量达到 14mm 时 CSO1、CSO2、CSO3 发生溢流；而对于 W1 而言，溢流临界雨量值大于 16mm。三个环节中厂前溢流口溢流发生的雨量阈值最低，其次是合流制排口，最后是污水处理厂跨越口。这与雨量等级分析结果相互佐证。

综合分析可知：研究区合流制排水系统可以应对小雨带来的冲击，不会发生溢流，当发生中雨以上级别的降雨，厂前溢流口会发生溢流，管网排口绝大多数也会溢流，当发生大雨及以上级别的降雨时，污水处理厂才会跨越。同样降雨条件下，若污水处理厂发生跨越，则厂前溢流口和合流制管网排口必然发生了溢流，反之结论不成立。

2.3.2 溢流流量特征分析

利用 SPSS 软件对溢流量与降雨量、最大 5min 降雨量、平均降雨强度、排水分区（收水面积）进行 Pearson 相关性分析，溢流量与降雨的相关系数见表 2-4。分析结果表明，溢流量与降雨量相关性显著，而与最大 5min 降雨、平均降雨强度无显著性关系。通过 CSO1、CSO2 和 CSO3 与降雨量相关系数的对比可知，相关性随着排口对应的排水分区面积增大而降低。溢流量与各排口对应的排水分区（收水范围）面积显著相关，相关系数为 0.96，即同样降雨条件下，面积越大，溢流量越大。

表 2-4　　溢流量与降雨的相关系数

排口	降雨量/mm	最大 5min 降雨量/mm	平均降雨强度/(mm/h)
CSO1	0.706*	0.606*	0.172
CSO2	0.965**	0.339	0.267
CSO3	0.895**	0.161	0.132
CSO0	0.953**	0.321	0.334

** 表示在 0.01 级别（双尾），相关性显著；
* 表示在 0.05 级别（双尾），相关性显著。

按照管网排口溢流量计算模型，计算三处管网排口各降雨场次的合流制溢流系数，并用最小二乘法对合流制溢流系数与雨量进行线性拟合；同时对厂前溢流口、污水处理厂跨越口的溢流量与降雨量进行拟合。降雨量与合流制溢流系数、CSO0 溢流量、W1 溢流量三者拟合曲线如图 2-6 所示，可以看出，厂前溢流口和污水处理厂跨越口拟合效果极佳，决定系数都达到了 0.9 以上，合流制溢流系数与降雨量的拟合曲线决定系数也在 0.7 左右。

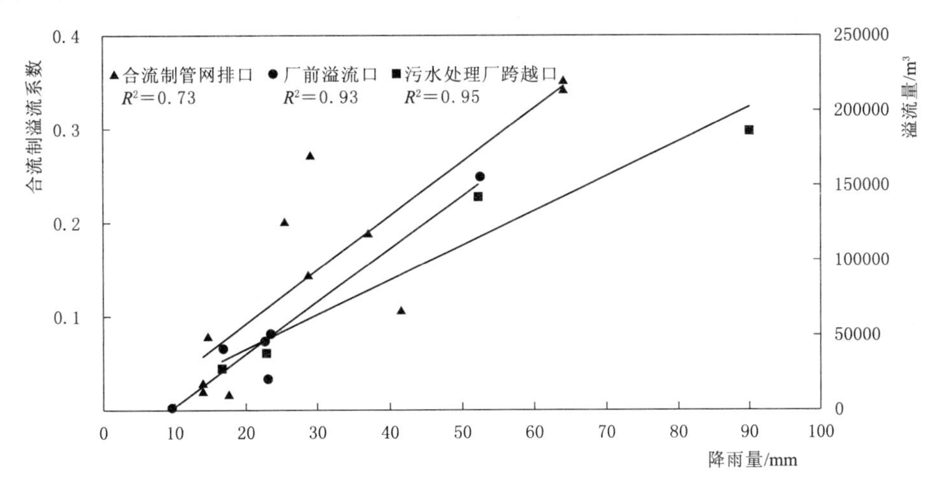

图 2-6 降雨量与合流制溢流系数、CSO0 溢流量、W1 溢流量三者拟合曲线

2.3.3 溢流水质特征分析

1. 整体水质对比情况

统计所有监测场次各类排口水质指标的最大值、最小值和平均值，各类排口水质情况汇总见表 2-5。由表 2-5 可知，厂前溢流和跨越溢流的水质浓度平均值较排口溢流口高。其中，厂前溢流口 COD 浓度约是 CSO1、CSO2 和 CSO3 的 1.8 倍、2.8 倍和 2.5 倍；厂前溢流口 NH_3-N 浓度分别是 CSO1、CSO2 和 CSO3 的 2.8 倍、9.2 倍和 3.7 倍；厂前溢流口 TP 浓度分别是 CSO1、CSO2 和 CSO3 的 1.5 倍、3.8 倍和 3.2 倍。从最大值来看，各类排口 COD 指标浓度差异并不大，其中 CSO1 的 COD 最大浓度为 1290mg/L，远超厂前溢流口和跨越口，原因可能是在降雨过程中其他污染源（非来自管道内的生活污水及地表冲刷雨水径流）汇入导致。

表 2-5 各类排口水质情况汇总

水质指标		排口类型				
		排口溢流 CSO1	排口溢流 CSO2	排口溢流 CSO3	厂前溢流 CSO0	跨越溢流* W1
COD/(mg/L)	最大值	1290	579	628	1260	317
	最小值	23	13	23	140	263
	平均值	181	113	130	321	290

续表

水质指标		排口类型				
		排口溢流 CSO1	排口溢流 CSO2	排口溢流 CSO3	厂前溢流 CSO0	跨越溢流* W1
NH_3-N/(mg/L)	最大值	22.6	9.45	10.0	28.3	77.6
	最小值	0.36	0.10	1.00	7.21	41.1
	平均值	6.52	2.00	4.95	18.4	66.3
TP/(mg/L)	最大值	13.3	3.29	3.18	19.4	—
	最小值	0.31	0.17	0.48	1.32	—
	平均值	2.15	0.84	1.01	3.22	—

* 跨越溢流监测指标中无 TP 指标。

2. 合流制溢流无初期效应

将典型降雨场次的监测数据绘制 $M(V)$ 曲线，降雨场次 4 合流制溢流排口 $M(V)$ 曲线如图 2-7 所示。可以看出，合流制溢流无显著的初期效应。溢流水量与溢流污染负荷基本呈线性相关关系，即对于一场溢流事件而言，溢流污染负荷随着水量增加基本呈现线性增加的趋势，控制溢流水量比例与削减溢流污染负荷的比例基本一致，不同水质指

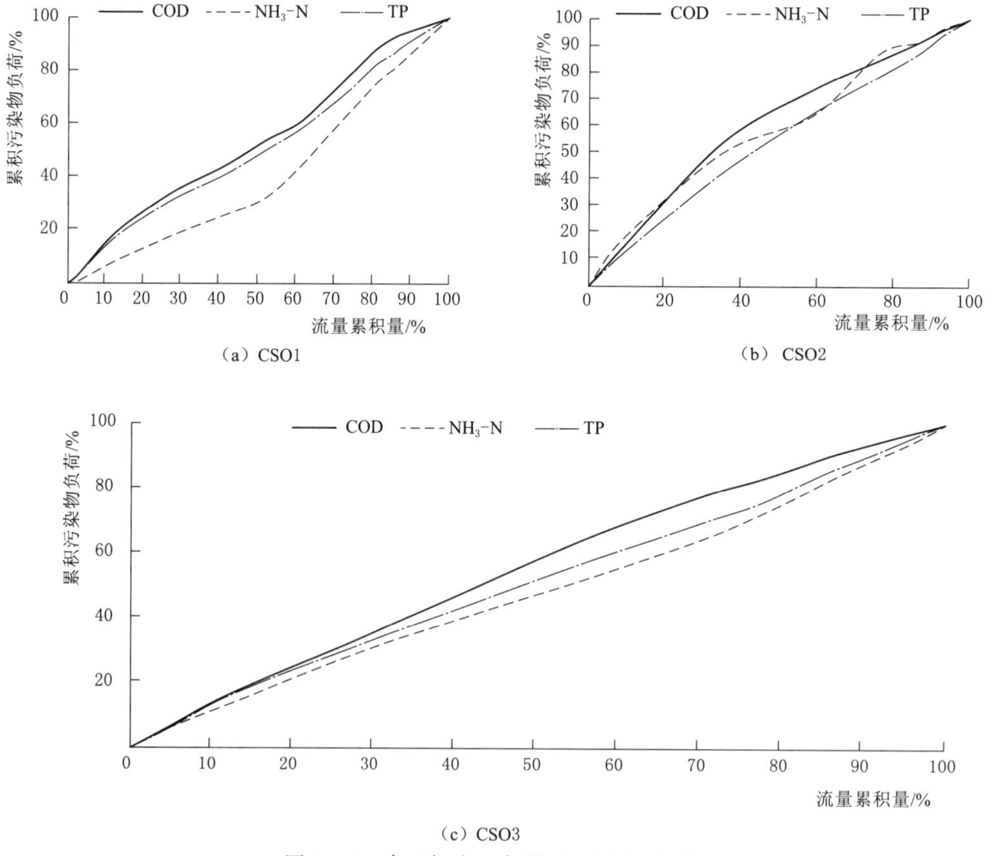

图 2-7 降雨场次 4 各排口 $M(V)$ 曲线

标规律无显著差异。此研究结论与其他区域的研究基本一致。降雨场次 4 合流制溢流排口水质变化过程如图 2-8 所示。可以看出，对于合流制排口而言，初期降雨径流会被截流管截流，在溢流初始阶段，虽然水质浓度较高，但是溢流量较小，随着降雨径流占比逐渐增大，水质会逐渐下降，但整体上负荷基本维持不变。

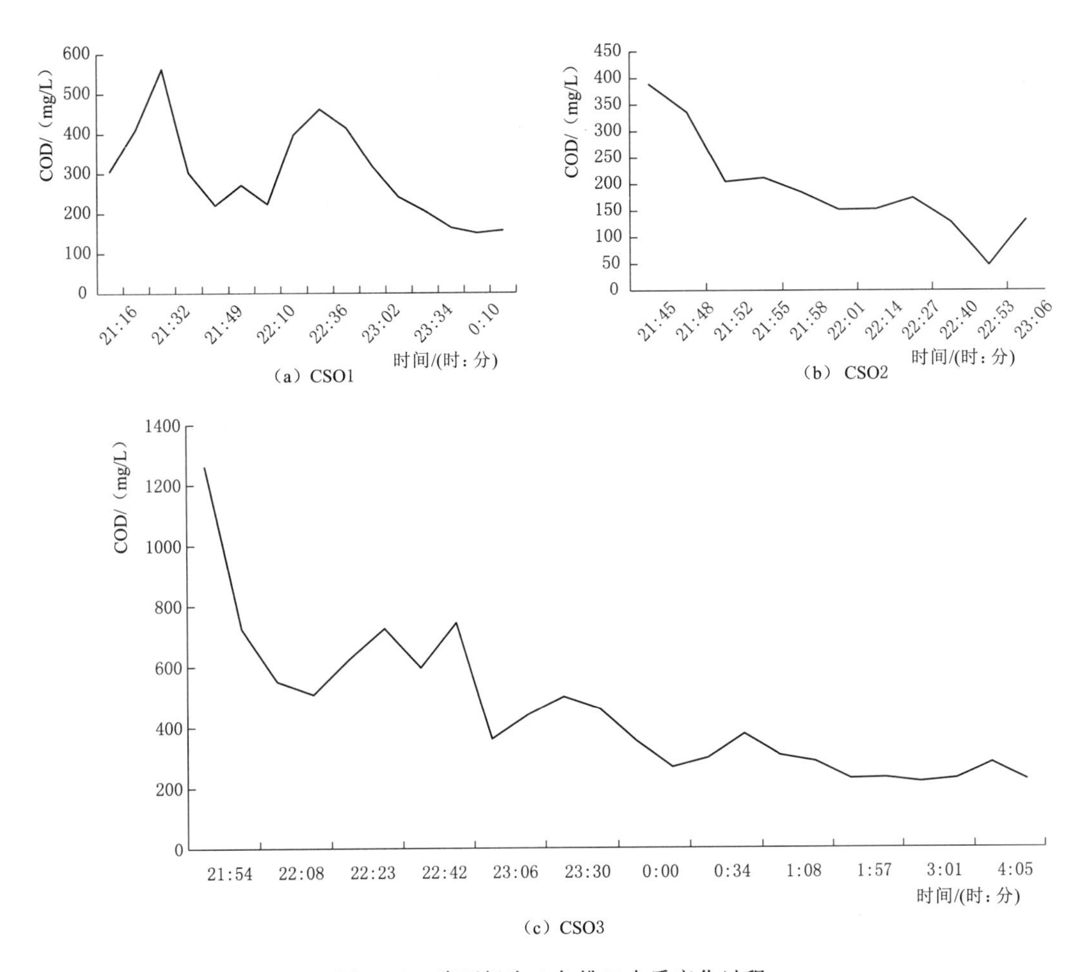

图 2-8　降雨场次 4 各排口水质变化过程

2.3.4　主要污染负荷分析

将 CSO1 至 CSO3 三个排口监测数据合并，作为排口溢流口与厂前溢流口（CSO0）做对比分析，绘制箱体图厂前溢流口与排水溢流口水质情况如图 2-9 所示。可以看出，厂前溢流水质指标 COD 的 EMC 为 197～383mg/L，中位数和均值基本一致为 280mg/L，普通溢流口水质指标 COD 的 EMC 为 45～441mg/L，中位数和平均值分别为 120mg/L、170mg/L。厂前溢流口 COD 浓度约是普通溢流口的 2 倍，NH_3-N 和 TP 两项指标两类排口浓度差异不大。本书未对跨越口进行水质监测，考虑到厂前溢流口距污水处理厂很近，因此厂前溢流口的水质应与跨越口水质相差不大。

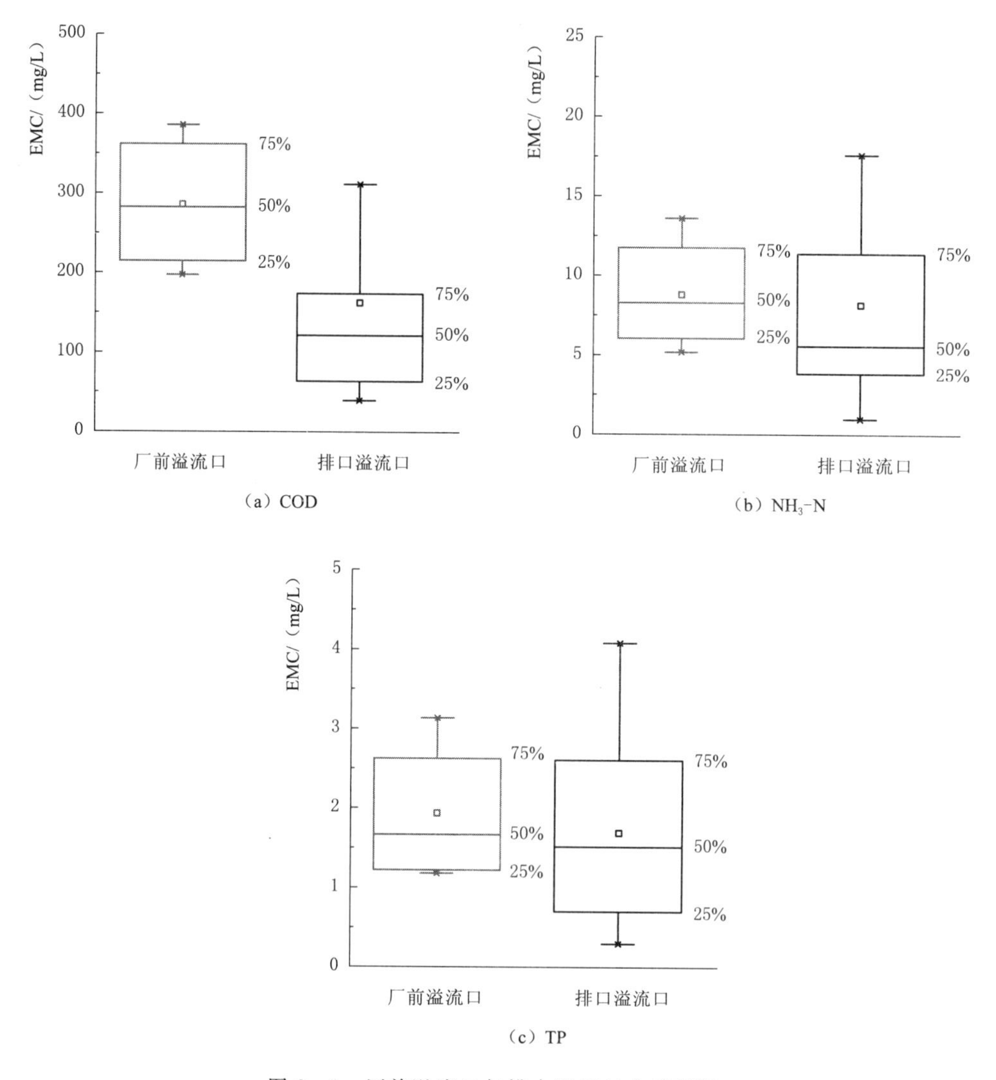

图2-9 厂前溢流口与排水溢流口水质情况

将再生水厂D上下游两处监测点水质与水厂跨越统计数据进行对比分析可知（图2-10），在水厂开启跨越后2～3h，下游监测点水质会急剧恶化，峰值浓度约是上游（即无污水处理厂跨越或者厂前溢流河段）的2～3倍。

基于模拟计算，L河干流排口溢流量和水厂溢流量（含厂前溢流和跨越溢流）的占比分别为57%、43%，污染负荷占比分别为45%和55%，水厂溢流是溢流污染中的主要来源。综上，应优先治理厂前溢流口，并提升污水处理厂雨季处理能力，减少跨越排放对河道水质的影响。

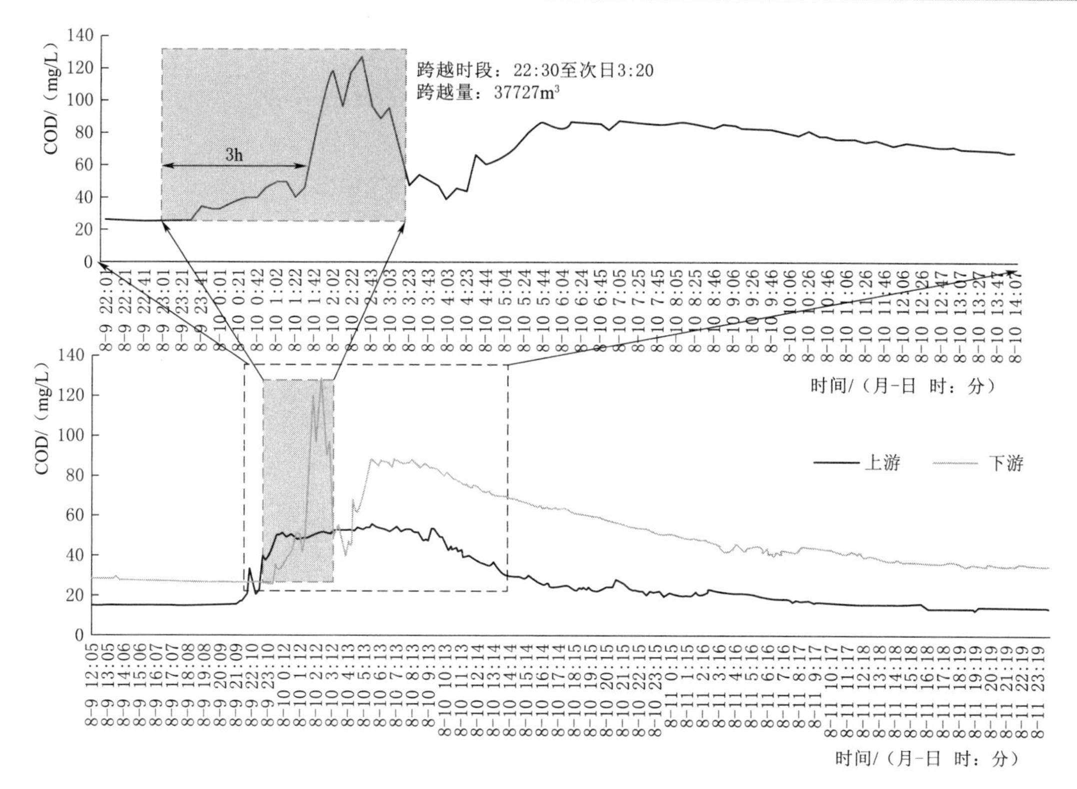

图 2-10　再生水厂 D 跨越对河道水质的影响

2.4　河道水质变化分析

将连续两个月的河道水质监测数据与该断面的水环境功能区划等级对应的水质标准进行对比，降雨时河道水质变化如图 2-11 所示。降雨场次 4 和场次 12 雨量相当，都属于大雨，但前者平均降雨强度是后者的 6 倍，前者河道水质峰值浓度和超标时间分别是后者的 2 倍和 3 倍，说明溢流污染负荷受降雨强度影响，在同等降雨条件下，平均降雨强度越大，溢流污染负荷越高。降雨场次 7 中河道水质超标程度是所有场次中最严重的，而根据 EMC 分析结果可知，本场降雨排口溢流负荷低于场次 4 和场次 12，这说明在暴雨情景下，入河污染除了合流制排水系统的溢流污染之外，还有其他污染源。

从整个监测时段的河道水质变化来看，在降雨场次 4～7 之间，河道水质仅有 47h 达标，最长超标时间 7d。此段时间内共发生降雨 4 场，降雨等级分别为大雨、大暴雨、中雨和暴雨，降雨间隔 72～110h。由于河道水体缺少恢复时间，因此造成长期超标现象。而场次 9～12 之间，河道水质有近 20d 的达标时间，原因是场次 9 与场次 10 间隔时间近 10d，且期间场次 10 和场次 11 平均降雨量都低于 3mm，各排口均未发生溢流，河道水质有充分的恢复时间。

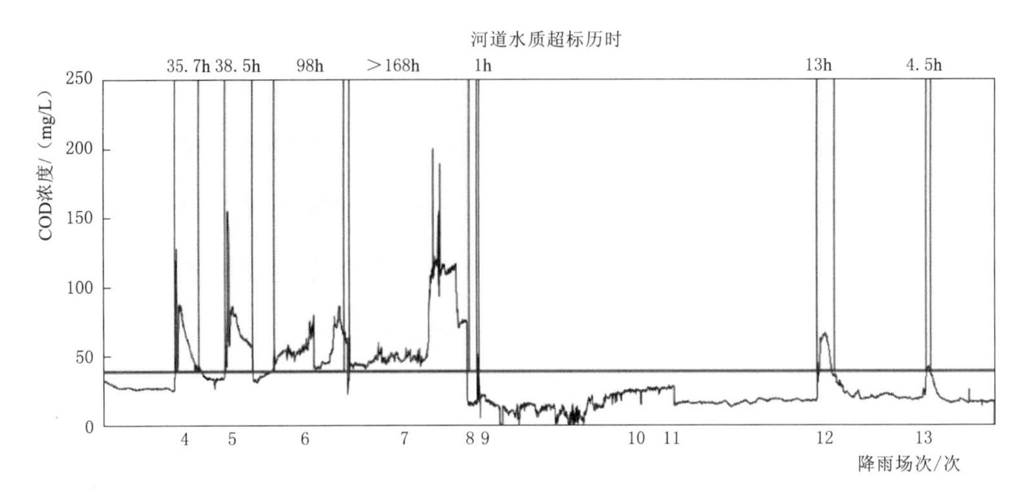

图 2-11　降雨时河道水质变化（横线为 COD 地表水Ⅴ类标准，40mg/L）

总体来看，流域降雨带来的溢流污染对河道水质的影响主要受降雨量、降雨历时、降雨强度影响。河道水质超标时间最短为 1h，最长则超过 7d。连续降雨带来的溢流污染对河道水质的冲击较大，造成超标时间较长。

2.5　结论

本章以 L 河流域为研究区，通过构建覆盖管网—污水处理厂（再生水厂）—道的排水全过程监测体系，获取了不同溢流环节的溢流规律，主要研究结论如下：

（1）研究区合流制排水系统溢流主要发生在三个环节：①排口溢流，即超过管道截流能力在截流井末端排口处发生的溢流；②厂前溢流，即截流到污水管网的合流污水超过了管网输送能力或者下游污水处理厂进场水位过高造成污水通过进厂前溢流口溢流；③跨越溢流，即超过污水处理厂处理能力的污水通过污水处理厂粗格栅后（仅去垃圾漂浮物）直接排放入河。三个环节统称溢流排放。

（2）研究区合流制溢流排口发生溢流的降雨量阈值为 9～14mm，再生水厂跨越的临界雨量为 16mm。

（3）溢流口的溢流量、污水处理厂的跨越量只与次降雨总量正相关，与降雨强度无显著相关关系。

（4）合流制溢流不存在初期效应，溢流污染负荷与溢流量成正比。

（5）在各项水质指标中，厂前溢流口 COD 浓度为 140～1260mg/L，平均值为 321mg/L；合流制溢流口 COD 浓度为 13～1290mg/L，平均值为 113～181mg/L；跨越溢流口 COD 浓度为 263～317mg/L，平均值为 290mg/L。厂前溢流水质指标 COD 的

EMC为197～383mg/L，中位数和均值基本一致为280mg/L，普通溢流口水质指标COD的EMC为45～441mg/L，中位数和平均值分别为120mg/L、170mg/L。厂前溢流口COD浓度约是普通溢流口的2倍左右，NH_3-N和TP两项指标两类排口浓度差异不大。

（6）流域降雨带来的溢流污染对河道水质的影响主要受降雨量、降雨历时、降雨强度影响。河道水质超标时间最短为1h，最长则超过7d。连续降雨带来的溢流污染对河道水质的冲击较大，造成超标时间较长。

第 3 章

基于数值模拟的合流制溢流预测及调蓄规模确定方法研究

3.1 基于 SVM 算法及 SWMM 模型模拟的合流制溢流预测方法研究

明确各排口溢流发生规律是非常重要的，尤其是对管理者来说，如果能在降雨发生前就能知道排口是否发生溢流，对于采取有效应对措施是十分有帮助的。受监测手段的限制，合流制溢流的实际监测数据较少，因此，明确是否发生合流制溢流最常用的方法就是利用数值模型进行模拟，但数值模型的搭建需要翔实的基础数据和专业的建模能力，且模型的结果存在不确定性。本章探索将 SVM 算法应用到合流制管网溢流特征识别中，并基于 SWMM 模型的模拟结果构建数据集，验证 SVM 算法的有效性，以期为合流制溢流监控及其预警提供参考。

3.1.1 方法简介

支持向量机（Support Vector Machine，SVM）是 Vapnik 等人在研究统计学习理论的基础上对线性分类器提出的一种设计准则，它基于统计学理论的 VC 维理论和结构风险最小化，即能够满足损失函数最小原则又能防止过拟合现象发生，具有优秀的泛化能力。Dibike 等利用 SVM 算法建立降雨径流模型，通过实测降雨、蒸发和基流数据构建数据集进行径流预报；Tripathi 等利用 SVM 算法对月尺度的降雨数据进行统计性的降尺度分析；JIAN - YI LIN 等利用 SVM 算法进行月径流的预报并与 AMMA、ANN 模型进行了对比，在中长期预报过程中表现良好。

考虑一个二元分类问题，假设给定一个输入空间的训练数据集，即

$$\text{Train set}=\{(x_1,y_1),(x_2,y_2),\cdots,(x_n,y_n)\} \tag{3-1}$$

其中 $x_i \in X=R^n,\ y_i \in Y=\{1,0\},\ i=1,2,\cdots,n$

式中 X——输入向量集；

R^n——n 维欧氏空间，此处含义为 x_i 是 n 维欧氏空间的一个向量；

Y——一个集合，不是向量，两元分类结果的标签集，取值=\{0，1\}；

x_i——第 i 个输入向量；

y_i——x_i 的类标签，当 $y_i=1$ 时代表正类，当 $y_i=0$ 时代表负类。

假设输入空间与特征空间为两个不同的空间，输入空间为欧氏空间或离散集合，特征空间为欧式空间或希尔伯特空间。线性可分的情况假设输入空间和特征空间一一对应，然后 SVM 算法在特征空间中寻求一个超平面，即

$$\boldsymbol{w}^T\boldsymbol{X}+b=0 \tag{3-2}$$

式中 $\boldsymbol{w}^T$——一个 n 维列向量，即 $\boldsymbol{X}$ 的系数矩阵；

b——常数，代表超平面到原点的距离。

该超平面将特征空间划分为两部分，$\boldsymbol{w}^T\boldsymbol{X}+b>0$ 是正类，$\boldsymbol{w}^T\boldsymbol{X}+b<0$ 是负类，即超平面为两个类之间形成的一个最大间隔面。二元线性可分问题如图 3-1 所示。

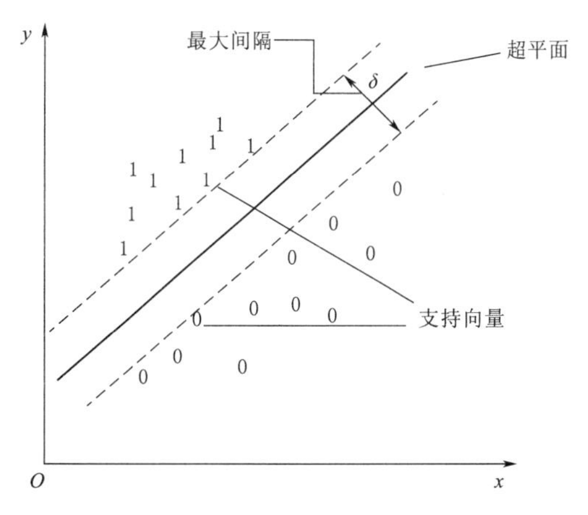

图 3-1 二元线性可分问题

训练 SVM 线性分类的过程就是寻求一个几何间隔最大的分离超平面，即最大间隔分离超平面，求解该问题可以转换为一个约束最优化问题，即

$$\operatorname{argmin}\frac{1}{2}||\boldsymbol{w}||^2 \tag{3-3}$$

$$\text{s. t. } y_i(\boldsymbol{w}x_i+b)-1\geqslant 0, i=1,2,\cdots,n \tag{3-4}$$

求得最优解 $\boldsymbol{w}^*$，b^*，由此得到最优分离超平面，即

$$\boldsymbol{w}^{*T}\boldsymbol{X}+b^*=0 \tag{3-5}$$

从而得到分类决策函数为

$$F(x)=\operatorname{sign}(\boldsymbol{w}^{*T}\boldsymbol{X}+b^*) \tag{3-6}$$

当分类问题为非线性时，SVM 利用核函数变换将非线性分类问题转换为线性分类问题，核函数变换本质是利用一个非线性变换，将非线性问题变换为线性问题，通过求解变换后的线性问题的方法来求解原问题的解。高斯核又称为径向基函数核，具有相当高的灵活性，是使用最广泛的核函数之一。在本书中，使用高斯核将降雨数据映射到高维特征空间中作为 SVM 模型的输入完成训练。

SWMM 模型前文已有介绍，本章不赘述。建模的基础数据包含降雨数据、管道数据、下垫面数据、区域排水数据和区域人口数据等。

3.1.2 应用实例

3.1.2.1 研究区概况

选择北京海绵城市建设试点区域内的某一排水分区进行研究（图 3-2）。该区域为合流制排水区域，在入河口之前采用堰式截流，堰高为 80cm，截流干管尺寸为 D500（图 3-3）。

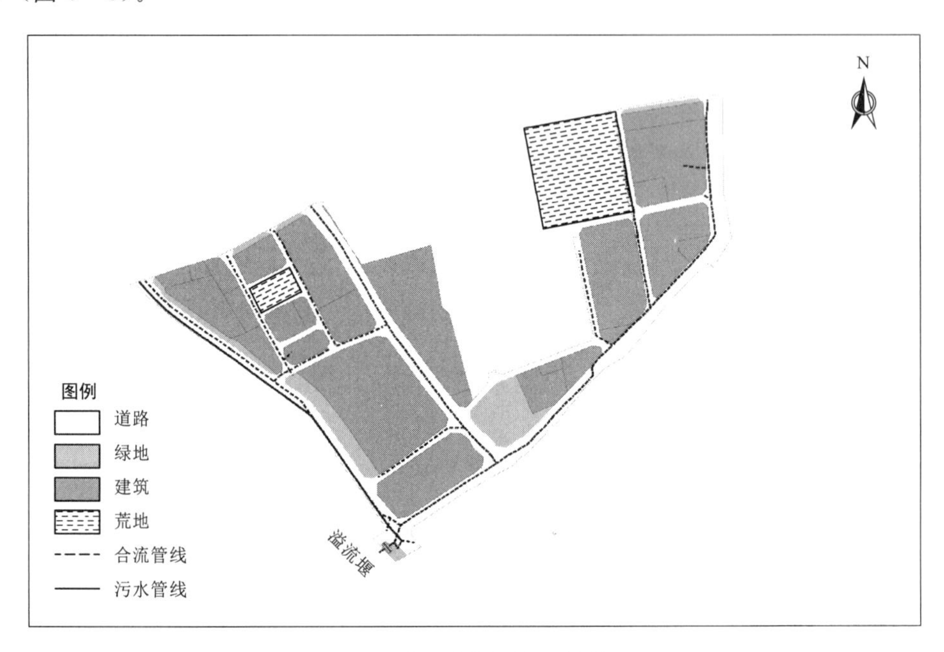

图 3-2 研究区域示意图

3.1.2.2 SWMM 模型构建

根据研究区土地利用现状，考虑管网地形竖向关系，划分子集水区。参考 SWMM 模型用户手册及研究区实际情况，并结合研究区 3 场完整降雨径流监测资料进行参数率定，计算模拟值与实测值的纳什效率系数，不断调整参数使纳什效率系数至最佳，模型主要参数率定结果见表 3-1。选取另外一场实测降雨径流资料进行验证，结果表明，纳什效率系数为 0.832，模型合理，可以用于下一步研究。

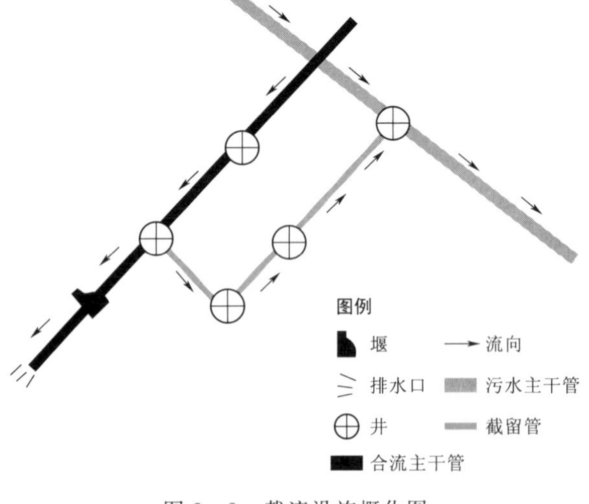

图 3-3 截流设施概化图

表 3-1 主要参数率定结果

不透水地面曼宁系数	透水地面曼宁系数	不透水区洼蓄量/mm	透水区洼蓄量/mm	最大入渗率/(mm/h)	最小入渗率/(mm/h)	渗透衰减系数
0.011	0.238	8	10	65	10	5

3.1.2.3 数据集构建

在截污工程已定的前提下，溢流与否与溢流频次取决于降雨特征，合流制判别分析选用降雨资料数据来源于通州国家气象站（54431）2013—2017 年历史降雨资料，时间分辨率为 5min，由于研究区域总面积较小，因此该降雨数据能够充分代表研究区降雨特征，且所有数据经过严格质量审查，满足国家水文数据质量控制要求，可用于进一步研究。在此研究中，着重分析日降雨序列蕴含的溢流特征，因此定义 24h 内累积降水量大于 2mm 的时刻且控制最长降雨历时不超过 24h 的降雨为一次降雨事件；若降雨间隔时间超过 24h 或降雨历时超过 24h，则分为两次降雨事件。利用上述方法划分得到降雨场次 127 场，然后将场次降雨事件依次输入 SWMM 模型中，模拟得到每一个溢流堰节点的流量，若节点流量大于 0，则判断为溢流，归为正类；否则为负类。最后将场次降雨数据和溢流类别一一对应构造数据集，将数据集分为两部分，100 个样本为训练集，27 个样本为测试集。

3.1.2.4 SVM 模型训练

为了寻求最优参数组合，使用 K 折交叉验证法，K 为一个超参数，将训练集 100 个样本分为 K 份数目相等的子集，每次留一个子集作为测试集，其他用作训练集，依次循环 K 次之后求平均值得到最终结果。另外在 SVM 算法中还有两个参数 C 和 γ，其中 C 是一个正则化参数，代表模型考虑支持向量个数，越大越充分使用样本点，越小放弃越多的离群点；γ 是高斯核中的参数，代表单个样本点对模型的影响程度，越大越容易被选为支持向量，越小越不容易成为支持向量。设定其初始范围为 2^x，$x \in (-\varepsilon, \varepsilon)$，利用网格寻优法进行参数优化，计算步长为 0.1，通过不断调整模型中超参数的取值以及参数的初始范围，以模型准确度得分为标准对训练结果进行评价。确定了超参数的取值、参数取值、训练结果以及训练模型花费时间。参数优化过程见表 3-2。

表 3-2 参数优化过程

K	ε	C	γ	准确度/%	运行时间/s
10	1	0.132	0.062	86	24
	2	0.070	0.025	88	72
	3	0.057	0.014	92	218
	4	0.057	0.014	92	384

续表

K	ε	C	γ	准确度/%	运行时间/s
5	1	0.150	0.050	86	10
	2	0.107	0.025	88	41
	3	0.033	0.017	91	94
	4	0.033	0.017	91	167
2	1	0.075	0.061	86	2
	2	0.150	0.025	91	10
	3	0.170	0.013	93	23
	4	0.170	0.013	93	41

根据表3-2可知：

（1）参数范围不变的情况下，随着超参数 K 值的减小，训练消耗时间大大减小，这是因为当 K 值越大时，样本分割份数越多，训练循环次数也就越多，越不容易出现过拟合现象，这一点在参数取值中也可以发现，但是考虑到总样本个数较少，当 K 越大时，每个子样本数量较少，在交叉验证过程中不能完全检验出模型的泛化能力，因此本书超参数 K 取值为2可以满足需求，当总样本数量较大时，可以考虑取值为5。

（2）超参数取值不变的情况下，随着参数范围的增大，模型的精度越高，当范围增大到一定程度（$\varepsilon=3$）时，模型精度不再变化。综上考虑，最优参数组合为 $K=2$，$\varepsilon=3$，$C=0.17$，$\gamma=0.013$，利用最优参数组合可以得到用于预测的SVM分类器。

3.1.2.5 结果测试

应用3个评价指标对SVM算法的效果进行评价，包括准确度（ACC）、特异性（SP）和灵敏度（SN），计算公式为

$$ACC=\frac{TP+TN}{TP+FP+TN+FN} \tag{3-7}$$

$$SP=\frac{TN}{FP+TN} \tag{3-8}$$

$$SN=\frac{TP}{TP+SN} \tag{3-9}$$

式中 TP——正确的正类；

TN——正确的负类；

FP——错误的正类；

FN——错误的负类。

利用训练得到的SVM分类器对测试集中27个样本进行预测，结果可以表示为一个混淆矩阵，并对结果进行评价。测试集分类结果及评价见表3-3。

表 3-3　　测试集分类结果及评价

混淆矩阵		目标		SN/%	SP/%	ACC/%
		正类	负类			
SVM	正类	11	1	85	93	89
	负类	2	13			

通过表 3-3 中的混淆矩阵的值可以得到模型在测试集的分类结果，即测试集内 27 场降雨事件，正确预测溢流发生为 11 场降雨，正确预测溢流不发生为 13 场降雨，错误预测溢流结果共 3 场降雨，结果显示模型预测达到了较高的准确率。进一步通过指标计算得到预测准确度为 89%，敏感度为 85%，特异性为 93%，这些结果充分表明了 SVM 算法对合流制溢流特征识别的有效性和准确性，在应用中可以作为一种新的方法为合流制溢流识别提供参考。

3.1.3　小结

基于 SVM 的方法将复杂的产汇流过程视为黑箱，直接建立场次降雨事件与合流制管网溢流事件之间的联系。通过直接建立流域输入输出的对应关系在实际应用过程中避免了复杂的建模过程，其操作简单、节省资源、准确率较高且模拟结果符合实际，因此具有广泛的应用前景，可以作为一种新的技术手段为对城市合流制管网的溢流预警和溢流治理效果评估提供依据。

黑箱模型缺乏物理机理，如何由模拟结果溯源分析隐藏的物理机理与实际建立联系以及如何获取更多的实际监测数据样本，并利用这些数据训练得到更加准确的模型需要进一步进行研究。

3.2　基于数值模拟的合流制溢流调蓄池规模计算方法

在排口入河之前建设调蓄池是解决合流制溢流最常用的手段。如前文所述，影响调蓄池规模的因素众多，如区域降雨条件、管网情况、人口分布情况、下垫面情况等。本章构建了一种基于长序列、高精度数值模拟结果的合流制溢流调蓄规模确定方法，可为合流制溢流调蓄池规模计算提供借鉴。以下重点介绍该方法的技术流程及应用案例。

3.2.1　方法简介

该方法适用于城市排水系统合流制溢流调蓄池规模确定。一般需具备以下条件：①缺少长序列溢流监测数据；②具有长时间序列（5 年以上）、高精度（分辨率不低于

10min）的降雨资料；③管网资料齐全，包含合流制主干管信息（管道路径、尺寸；检查井井底及地面高程等信息）、截流设施信息（截流井信息、截流管管径及高程信息）；④区域下垫面（透水地面和不透水地面）、人口或生活污水本底流量等资料齐全。

本方法的主要步骤如下：

（1）数值模型构建。可利用SWMM开源软件或InfoWorks ICM、MIKE等商业软件搭建数值模型。模型搭建过程参照相关软件使用手册。模型搭建所需的数据包括但不限于管网数据（管道尺寸、上下游管底高程）、监测井数据（监测井尺寸、井底高程、井深）、下垫面数据、地面高程数据、污水排放数据等。采用典型场次降雨监测数据对模型进行率定，确保模型精度满足要求。

（2）模型模拟。将长时间序列、高精度降雨数据输入模型，开始模拟工作，模型输出步长为5min，输出要素包含溢流时间、溢流量及溢流持续时间。

（3）划分溢流场次、统计溢流量并建立二者关系。

1）根据实际情况，以2h内累计溢流量低于0.1m^{3}作为场次划分标准。

2）以年为单位，统计每年溢流次数 N 及每次溢流量 Q。

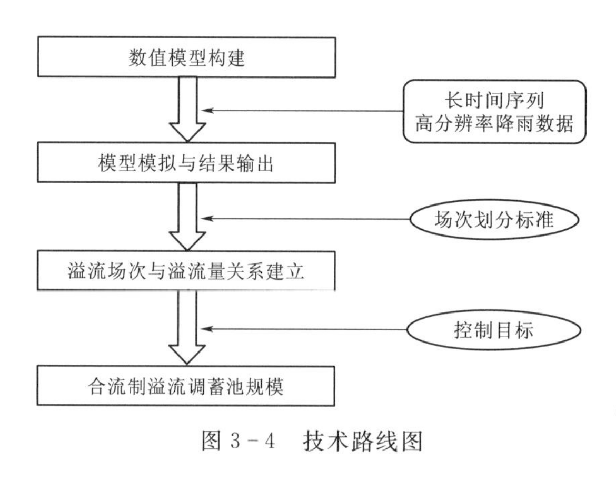

图3-4　技术路线图

3）将每年的统计结果按照溢流量由大到小排列，建立溢流频次与溢流量关系（$N-Q$）。

（4）确定合流制溢流调蓄池规模。

1）结合实际情况和管理需求，确定控制目标，即一年最多允许溢流的次数。

2）根据溢流频次与溢流量关系，得出每一年的溢流控制量，$Q1$、$Q2$、$Q3$、$Q4$、$Q5$，取平均值$\overline{Q}$即为调蓄池规模。

技术路线如图3-4所示。

3.2.2　应用实例

仍以3.1节中的研究区为例，进一步阐述合流制溢流调蓄池规模确定方法。

3.2.2.1　基于SWMM搭建研究区排水数值模型

（1）根据项目区市政管线及建筑小区排口分布，划分排水分区，确定排水路径。

（2）利用ArcGIS软件，分别提取各排水分区面积、宽度等特征参数，基于项目区土地利用数据，计算出各排水分区不透水面积比（其中道路、建筑为不透水区域，绿地和裸地为透水区域）；基于项目区DEM数据，计算各排水分区的坡度。

（3）根据项目区管网数据及截污工程资料，搭建雨水管线、合流制管线、污水管线，设置溢流堰、截污管线等信息。

(4) 设置蒸发、下渗等其他模型必须输入的参数。

SWMM 模型概化示意图如图 3-5 所示。

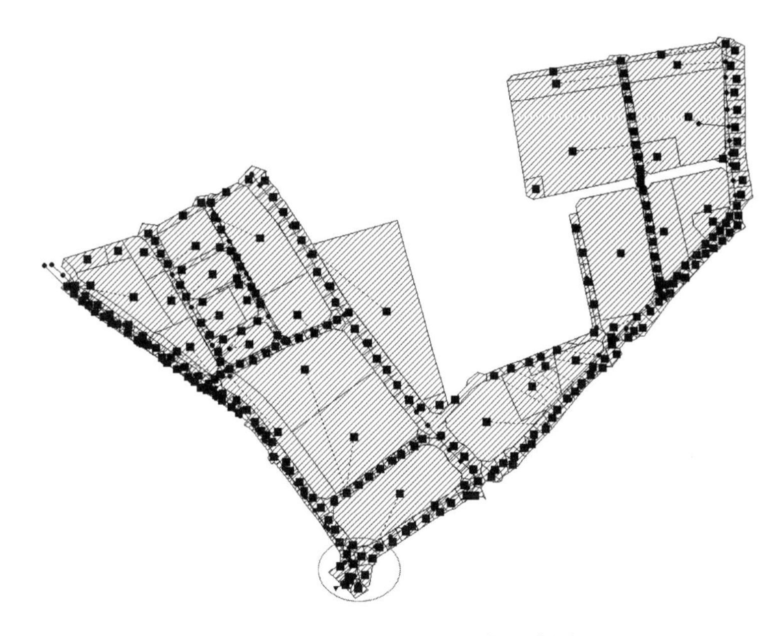

图 3-5 SWMM 模型概化示意图

3.2.2.2 数据输入及模型模拟

输入 5 年（Y1～Y5）、5min 间隔的实测降雨数据进行模拟，模型模拟时长为 5 年，模型输出步长为 5min，模型输出参数包括流量、水位等信息。

3.2.2.3 划分溢流场次、统计溢流量并建立二者关系

溢流堰后节点的流量即为溢流量，以 2h 内累计溢流量低于 $0.1m^3$ 作为场次划分标准，并统计每次溢流量，溢流场次划分及溢流量统计结果如图 3-6 所示。将各溢流场次对应的溢流量按照从大到小的顺序排列，溢流频次及溢流量关系如图 3-7 所示。

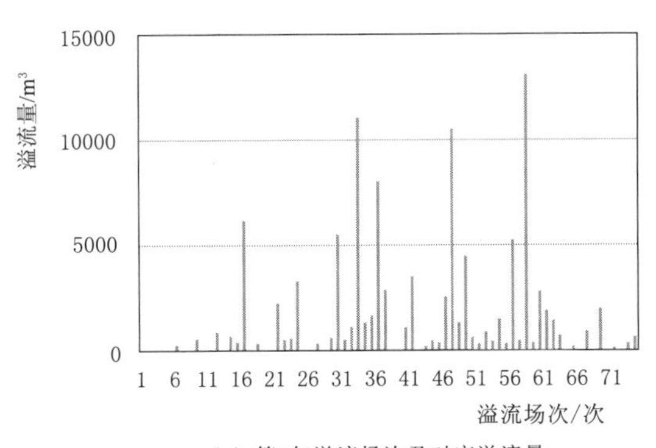

(a) 第1年溢流场次及对应溢流量

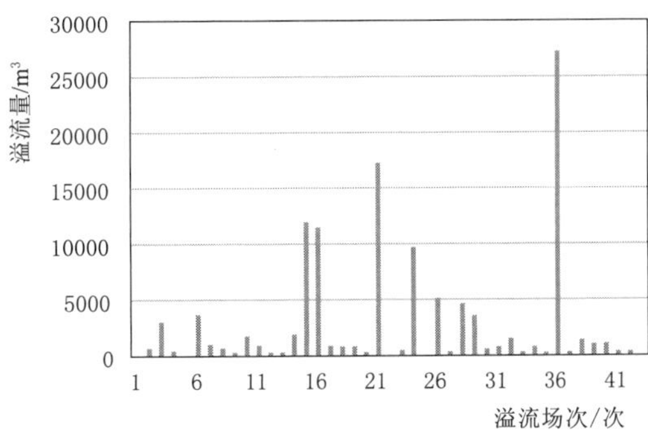

(b) 第2年溢流场次及对应溢流量

图 3-6（一） 溢流场次划分及溢流量统计结果

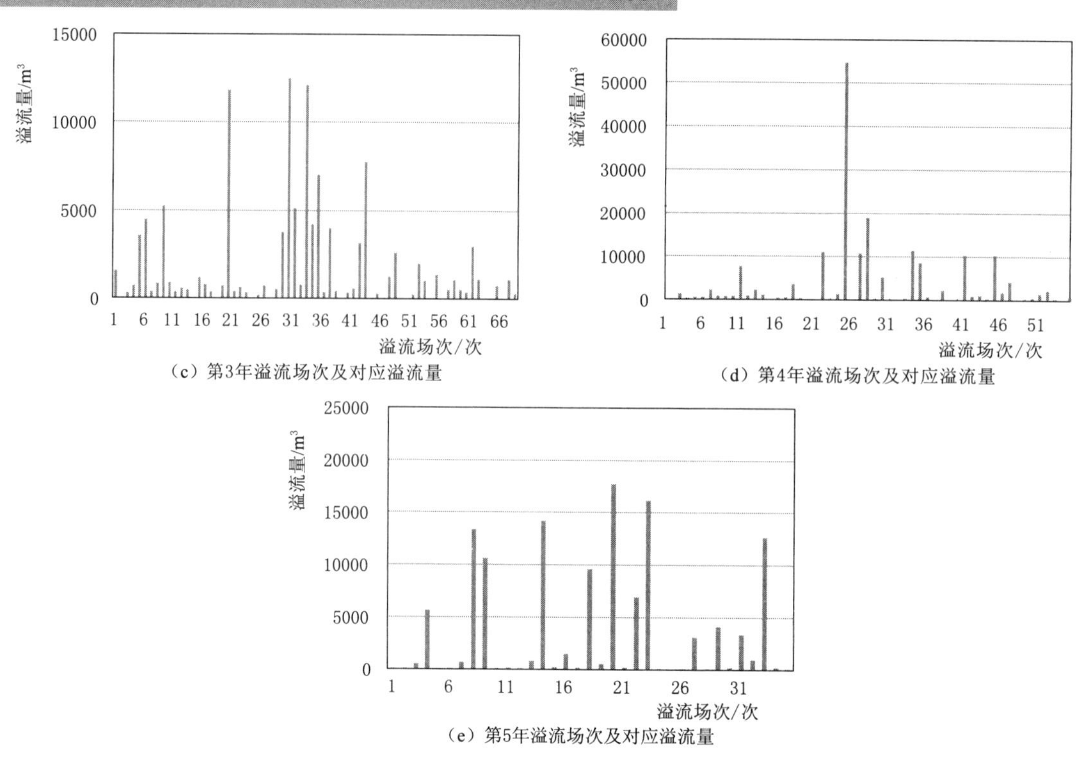

（c）第3年溢流场次及对应溢流量

（d）第4年溢流场次及对应溢流量

（e）第5年溢流场次及对应溢流量

图3-6（二） 溢流场次划分及溢流量统计结果

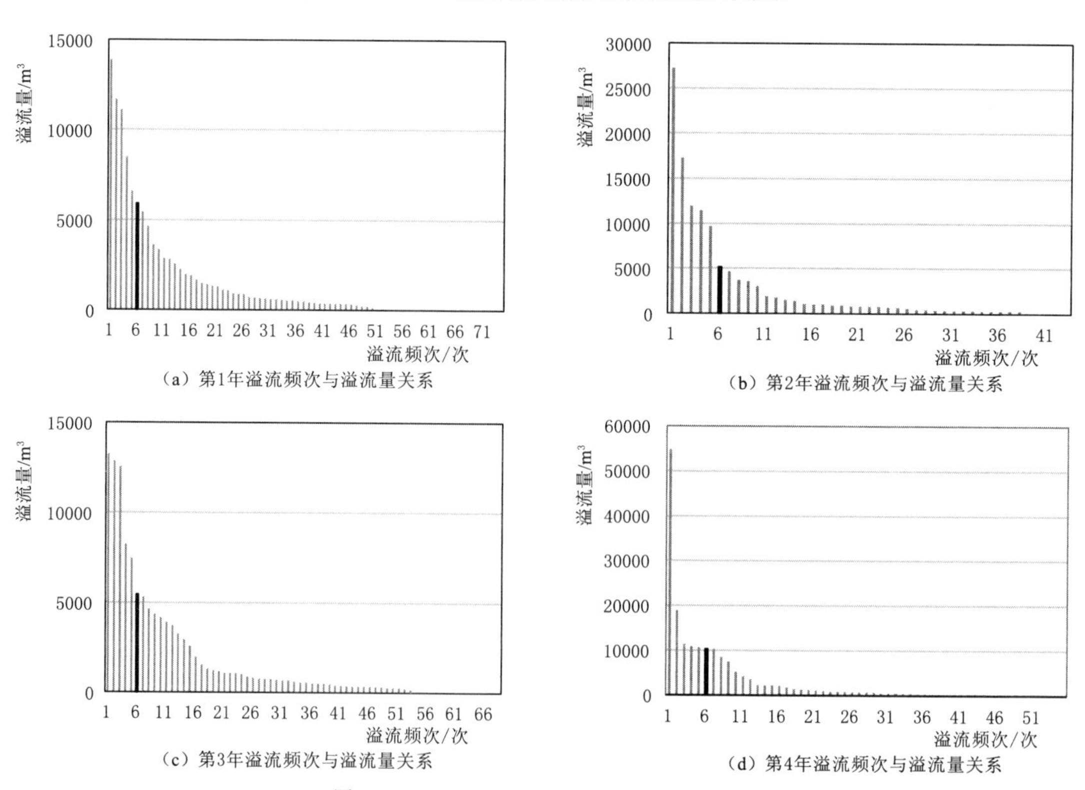

（a）第1年溢流频次与溢流量关系

（b）第2年溢流频次与溢流量关系

（c）第3年溢流频次与溢流量关系

（d）第4年溢流频次与溢流量关系

图3-7（一） 溢流频次及溢流量关系图

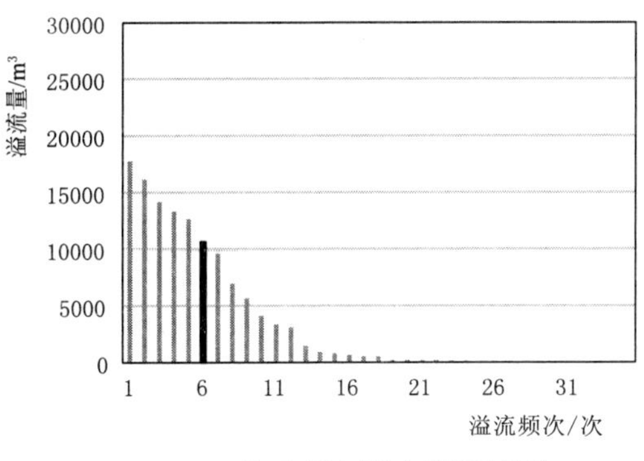

(e) 第5年溢流频次与溢流量关系

图 3-7（二） 溢流频次及溢流量关系图

3.2.2.4 确定合流制溢流调蓄池规模

取年允许溢流次数5次为溢流污染控制目标，即调蓄容积至少应不小于溢流量排序第6的容积，即在图3-7中选择横坐标值为6对应的纵坐标值，即为调蓄池规模（图中深色柱），5年中分别为 $5514m^3$、$5154m^3$、$5082m^3$、$10362m^3$、$10602m^3$，其平均值为 $7343m^3$，即对应合流制溢流调蓄池规模为 $7343m^3$。

3.2.3 小结

基于数值模拟的合流制溢流调蓄池规模计算方法解决了传统设计过于粗放的计算方法，同时又避免了因为降雨年际不均导致调蓄规模过大或过小的问题，在合流制溢流调蓄池规模确定中值得推广应用。

第4章 源头海绵设施对合流制溢流的减控效果模拟分析

针对合流制溢流污染，我国开展了大量的工程实践措施，如增大截留倍数、扩大污水处理厂规模、建设调蓄池等，总体上看对合流制溢流污染控制思路仍侧重于末端治理。美国已从早期通过排水系统末端建调蓄池、深层隧道、扩大污水处理厂处理能力等治理措施转向基于源头低影响开发的合流制溢流污染控制策略，并开始在美国许多城市大规模推广；德国、日本等国家也将雨水利用、下渗等源头控制措施作为合流制溢流污染控制的重要组成部分。低影响开发措施可以通过对降雨径流的滞蓄，削减下垫面产汇流量，减少进入合流制管道内的污水量，并减缓其峰值，进而减少合流制溢流污染。这种治理方式可以从源头减少合流制溢流污染的发生，具有更好的控制效果和综合效益。

海绵城市建设为合流制溢流污染控制提供了新途径。本书以北京国家海绵试点建成区为研究对象，在对区域开展调研及监测的基础上，基于SWMM构建排水数值模型，开展海绵城市建设源头措施对区域合流制溢流削减效果的研究，并分析了不同方案情景下道路对合流制溢流的贡献，为海绵城市建设背景下合流制溢流污染控制提供参考。

4.1 研究区概况

以北京国家海绵城市试点区中合流制排水区域为研究对象（图4-1），总面积约3.58km^2。试点区位于北京城市副中心中部，区域多年平均降雨量536mm，降雨集中在6—9月，多年平均蒸发量1308mm。表层土质以粉质黏土为主，渗透系数在1.0×10^{-6}～1.0×10^{-5}cm/s，地下水埋深在9.30～13.50m之间，自然本底适合开展源头海绵城市建设。

据统计，区域内市政管线总长度约为29km，合流制管线长度约为16km，占比55.5%，管径在500～5200mm之间。结合区域竖向、管线走向、排口位置，划分为3个排水分区（C1、C2、C3）。合流制排水分区基本信息见表4-1。

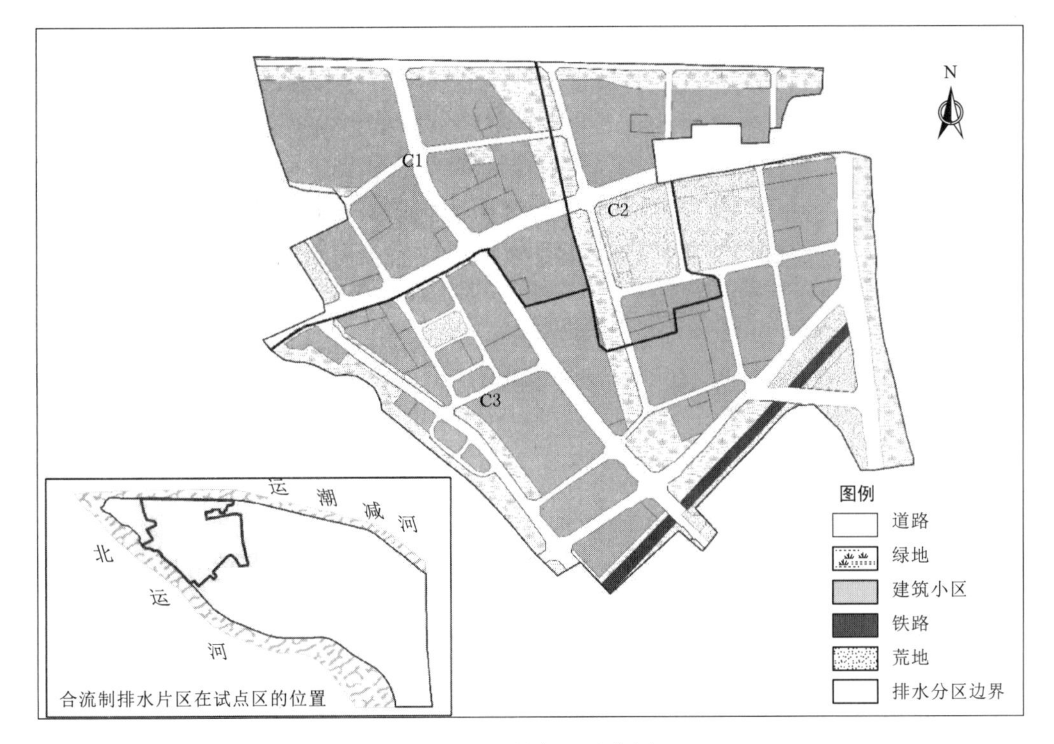

图 4-1 研究区示意图

表 4-1 合流制排水分区基本信息

编号	面积/hm^2	用地类型	道路占比/%	排水去向
C1	91.71	建筑用地、绿地、道路	19.37	北运河
C2	57.66	建筑用地、裸地、绿地、道路	14.24	运潮减河
C3	191.64	建筑用地、道路、绿地	25.06	北运河

4.2 数据与方法

基于调查与监测，获取区域旱季合流管网污水流量，以此为管网基础流量，在此基础上构建 SWMM 排水数值模型，通过设定不同方案，研究海绵城市源头措施对合流制溢流控制效果，并分析道路地块对合流制溢流的贡献。

4.2.1 旱季基础流量监测与校核

在合流制排水体制数值模拟中，旱季污水量作为本底条件必须予以考虑。为获取旱季污水流量及变化规律，对 C1 合流制溢流排口进行监测。该排口类型为 2800mm×2000mm 混凝土方涵。分别在溢流堰前干管及截流支管安装在线流量监测设备，监测数据步长为 5min。经监测，该排水分区日均污水流量约为 2268m³。

对研究区人口数量进行问卷调查，分区统计排水分区人口数量，按照人均用水定额核算日污水量，与监测数值相互校核，以确保监测数据准确可靠。经调查，C1 分区人口数约为 13000 人，按人均用水定额 200L/d，污水排放系数 0.9 计算，该排水分区日均污水量为 2340m³，与实际监测数据相差不大，认为监测数据准确，能够反映实际情况。根据人口数量及用水定额计算得到 C2 和 C3 的污水日均流量分别为 1924m³ 和 8681m³。

4.2.2 基于 SWMM 的排水数值模型构建

本书基于 SWMM 构建合流制排水分区数值模型，整体模型范围包含 C1、C2、C3 三个排水分区。在整体模型的基础上，扣除道路排水单元单独进行模拟，以便分析道路对合流制溢流的贡献。

根据实测资料，确定管网拓扑结构；在各排水分区内集合实际情况划分排水单元，其中，建筑小区类地块按照实际排水情况，划分排水单元，手动链接排水节点；市政道路基于检查井采用泰森多边形自动剖分排水单元，就近连入检查井。模型包含 682 个排水单元（扣除道路排水单元后为 162 个），节点 533 个，管线 538 条，现状合流制溢流口 3 个，雨水排口 1 个，污水排口 1 个。源头海绵措施包含下凹绿地、透水铺装和调蓄池三类，模型中以雨水桶代替调蓄池，并设置排空时间为 24h。

结合研究区 DEM、卫星遥感图及实地调研情况，基于 ArcGIS 平台提取各排水单元特征参数，包括面积、不透水面积比例、长度、坡度等；下渗相关参数根据现场试验确定；其他参数如透水区和不透水区的曼宁系数、初损量以及管网糙率通过率定获取。通过基础流量监测与校核结果，在各排水分区溢流前检查井以 DWF 形式添加污水平均流量，并输入污水小时变化系数。

4.2.3 模型率定及验证

SWMM 排水模型敏感参数包括 4 类，汇水区性状参数（Area、Width、%Slope）、透水性与不透水性地表相关参数（%Imperv、%Zero - imperv、Des - imperv、N - imperv、Des - perv、N - perv）、下渗相关参数（Maxrate、Minrate、Decay - con 和 Drying - time）以及管网糙率。

基于修正 Morris 筛选法，对模型参数进行敏感性分析，此次模型需要确定的敏感参数包括：不透水区域糙率系数、透水区域糙率系数、不透水区域洼蓄量、透水区域洼蓄量、管道糙率系数、最大入渗率、最小入渗率、渗透衰减系数和干燥时间。选取 C1 排口的监测数据进行率定，其余区域参照该分区的率定结果进行参数设定。

采用 2018 年实测典型场次降雨数据率定并验证模型参数，其中 8 月 8 日场次降雨和同时间排口水深监测数据进行参数率定，8 月 12 日场次降雨监测数据对率定后的模型进行验证。8 月 8 日场次累积降雨量 93.5mm，最大雨强 1.13mm/min，降雨自 4:05 至 10:45，历时 6h 40min；8 月 12 日场次累积降雨量为 57.5mm，最大雨强为 1.33mm/min，降雨自 19:30 至次日 4:10，历时 8h 40min。

计算得到两场降雨的纳什系数相关性系数 R^2 分别为 0.905 和 0.842，均方根误差 *RMSE* 分别为 0.112 和 0.130，平均相对偏差 *BIAS* 分别为 0.826 和 0.795，表明拟合效果良好，满足模型使用要求（图 4-2），产汇流模型参数获取及取值见表 4-2。

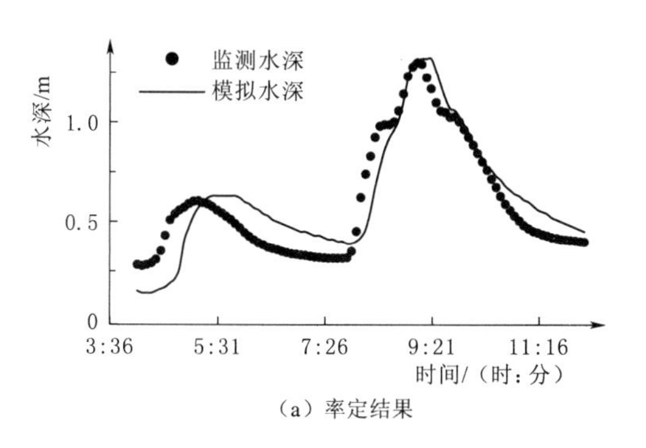

（a）率定结果

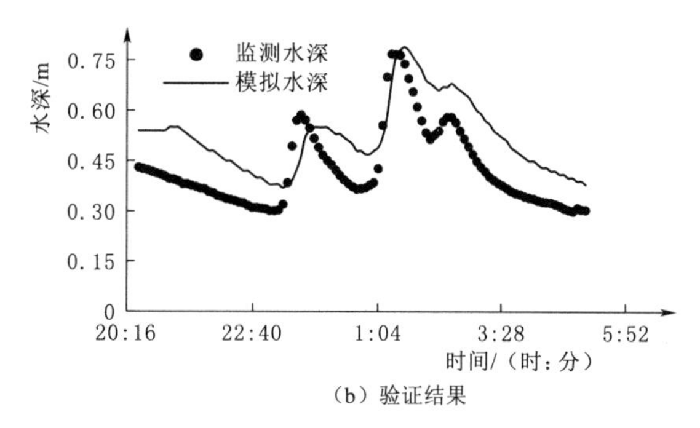

（b）验证结果

图 4-2　场次降雨率定及验证结果

表 4-2　　产汇流模型参数获取及取值

参数名称	物理意义	参数获取	参数取值（均值）
N-imperv	不透水区域糙率系数	经验参数	0.011～0.029（0.025）
N-perv	透水区域糙率系数	经验参数	0.033～0.130（0.12）
Des-imperv	不透水区域洼蓄量/mm	经验参数	0.2～10（4）
Des-perv	透水区域洼蓄量/mm	经验参数	2～20（10）
Roughness	管道糙率系数	经验参数	0.011～0.017（0.015）
Maxrate	最大入渗率/(mm/h)	实验监测	20～120（80）
Minrate	最小入渗率/(mm/h)	实验监测	0.1～20（10）
Decay-con	渗透衰减系数	经验参数	2～7（5）
Drying-time	干燥时间/d	经验参数	2～10（7）

4.2.4　方案设定

设置 3 个方案进行模拟，具体如下：

（1）现状方案。以建成区传统开发模式下实际下垫面为基准，不做任何改动。

（2）改造方案。基于试点区海绵城市系统化方案中提供的改造方案，合计 31 项，主要海绵设施包括透水铺装、下凹绿地、调蓄池三类；对区域内所有道路地块不做改动。该方案是海绵城市试点区实际建设方案，考虑了海绵改造方案的可行性，因地制宜制定方案。

(3) 新建方案。除道路外，所有地块均按照北京市《雨水控制与利用工程设计规范》(DB 11/685—2013) 要求建设，即硬化面积达 2000m^2 及以上的项目，需按每 1000m^2 硬化面积配建容积不小于 30m^3 的雨水调蓄设施；凡涉及绿地率指标要求的建设工程，绿地中至少应有 50%为用于滞留雨水的下凹式绿地；公共停车场、人行道、步行街、自行车道和休闲广场、室外庭院的透水铺装率不小于 70%。

4.3 结果分析

模型输入降雨采用当地雨量站 2013—2017 年 5min 间隔监测数据，蒸发数据采用多年月平均值。模型模拟时间为 2013—2017 年，输出步长为 5min。根据模拟结果，逐年统计各排口的溢流量及溢流次数，并取平均值作为计算结果。

4.3.1 源头海绵的合流制溢流减控效果分析

通过模型模拟及对模拟结果的统计分析，得到三种方案情景下的合流制溢流量及溢流频次的情况，如图 4-3 所示。由图 4-3 可知，三种方案情景的溢流量和溢流次数有所不同，具体分析如下：

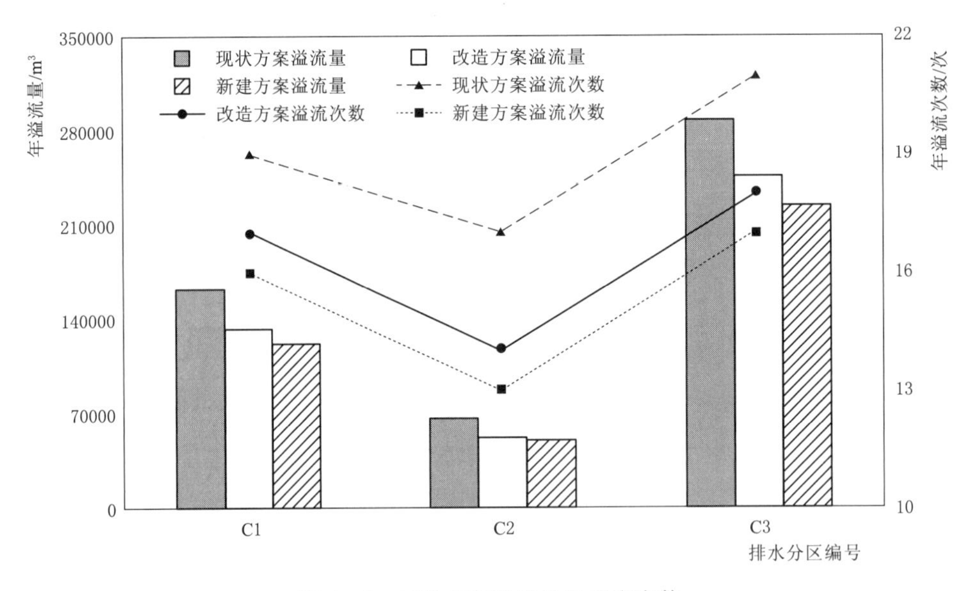

图 4-3 三种方案溢流量及溢流次数

(1) 现状条件下，溢流量占区域径流总量比例较大，C1、C2 和 C3 分区合流制溢流量占区域径流总量的比例分别为 52.20%、34.62%、56.69%，溢流次数分别为 19 次、17 次、21 次。可见，合流制排水分区内现状溢流较为频繁。

(2) 改造方案对区域合流制溢流减控效果明显，C1、C2 和 C3 分区合流制溢流量分别为 133874m³、51343m³、244438m³，较现状削减了 18.58%、22.66%、15.22%；溢流次数分别为 17 次、14 次、18 次，较现状减少了 2 次、3 次、3 次。

（3）新建方案中三个分区溢流量分别为 122129m³、48868m³、221287m³，较现状削减 25.05%、24.64%、22.58%，相对改造方案，虽然溢流次数（分别为 16 次、13 次、17 次）相差不大，但溢流量削减率分别提高了 6.47%、1.99%、7.35%。

4.3.2 道路对合流制溢流的贡献

将原有模型中用地类型为道路的排水单元删掉，再次运行模型，计算溢流量和溢流频次；前后差值作为道路对溢流的贡献道路溢流贡献计算公式为

$$道路溢流贡献=\frac{总溢流量-非道路类型地块溢流量}{总溢流量}\times 100\% \quad (4-1)$$

将三种方案情境下的道路及其他用地类型的溢流量贡献率绘制饼状图，如图 4-4 所示。具体分析如下：

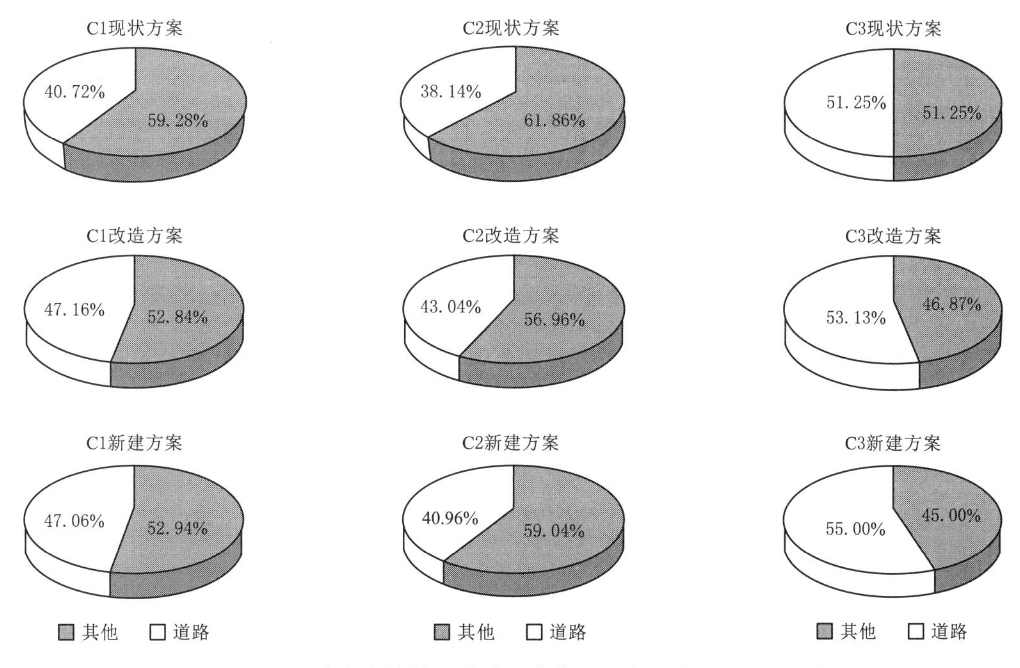

图 4-4　三种方案情景下道路及其他用地类型对溢流量的贡献

（1）现状方案情况下，道路地块产生的溢流量为 66581m³、25604m³、148395m³，对分区整体溢流贡献率大于 38%；改造及新建方案情况下，道路地块产生的溢流量分别为 63135m³、22099m³、129869m³ 和 57477m³、20016m³、121711m³，区域整体溢流量降低，但道路对溢流的贡献率增大，均大于 40%。

（2）道路地块对溢流贡献率与其面积占比不对称。如三个分区中道路地块的面积占

比分别为19.37%、14.24%、25.06%、，现状情景下，对合流制溢流贡献率分别为40.72%、38.14%和51.25%，道路溢流量贡献率分别是面积占比的2.1倍、2.7倍、2.0倍；改造方案情景下，贡献率分别为47.16%、43.04%、53.13%，是面积占比的2.3倍、3.0倍、2.1倍；新建方案情景下，贡献率分别为47.06%、40.96%、55.00%，是面积占比的2.4倍、2.9倍、2.2倍。

（3）道路为不透水地表，径流系数高，且道路排水单元小，汇流时间短，是管道内峰值流量的主要贡献者，因此与其他用地类型相比，道路地块对溢流贡献率更大。

4.4 结论

本书以北京国家海绵城市试点区中的合流制排水分区为研究对象，基于SWMM软件，构建了合流制区域排水数值模型，通过设定现状、改造及新建三个方案，评估了区域合流制溢流现状，分析了海绵城市源头措施对合流制溢流的减控效果，并评估了道路地块对合流制溢流的贡献。主要结论如下：

（1）试点区合流制排水区域现状溢流污染较为严重，C1、C2、C3三个分区的多年平均溢流量及溢流频次分别为163492m^3、67136m^3、289570m^3和19次、17次、21次。

（2）海绵城市源头措施是控制合流制溢流的有效途径，其通过对降雨径流的削减及滞蓄作用，减少合流制溢流总量及频次，其中总量削减比例为15%～25%，频次的削减比例为11%～24%。

（3）在道路地块不做海绵设施的情况下，新建方案与改造方案对合流制溢流的削减效果相差不大，仅为2%～7%。

（4）与建筑小区及其他用地类型相比，道路地块硬化比例高、汇流时间短，是管道内峰值流量的主要贡献者，因此道路对合流制排水分区的溢流贡献率超过50%，且是其面积占比的2～3倍，故合流制溢流控制中应重视道路源头的径流削减，加强道路海绵化改造。需要说明是，北方地区的道路其海绵化改造受道路断面、绿化隔离带宽度、地下空间及融雪剂等诸多因素制约，因此合流制区域的合流制溢流减控措施需权衡经济性与可实施性。此外，合流制溢流减控目标应是溢流污染负荷，不仅包含溢流量、溢流频次，还应考虑水质情况，后续将结合受纳水体的纳污能力进行深入分析。

第5章

基于河道纳污能力的合流制溢流污染控制方案研究

如前文所述，目前国家层面尚未形成合流制溢流污染控制的法规政策，仅在部分标准中对相关要求有所提及。实践中，从便于监管角度考虑，溢流频次、溢流体积控制率、污染物总量削减率是最为常用的控制指标，但此类指标对应下的标准是从合流制溢流自身控制效果出发，并未与河道受纳水体水环境管理目标相衔接，实施控制措施后河道水质的改善效果模糊。本书针对北京城市副中心存在的合流制溢流问题，借助监测和模型模拟等手段，量化了合流制溢流现状，以场次河道纳污能力为约束条件，提出将超标频次作为控制指标，比较了同样控制标准下，以超标频次和溢流频次作为控制指标情景下调蓄规模的差异。研究成果可为合流制溢流的精细化治理工作提供借鉴。

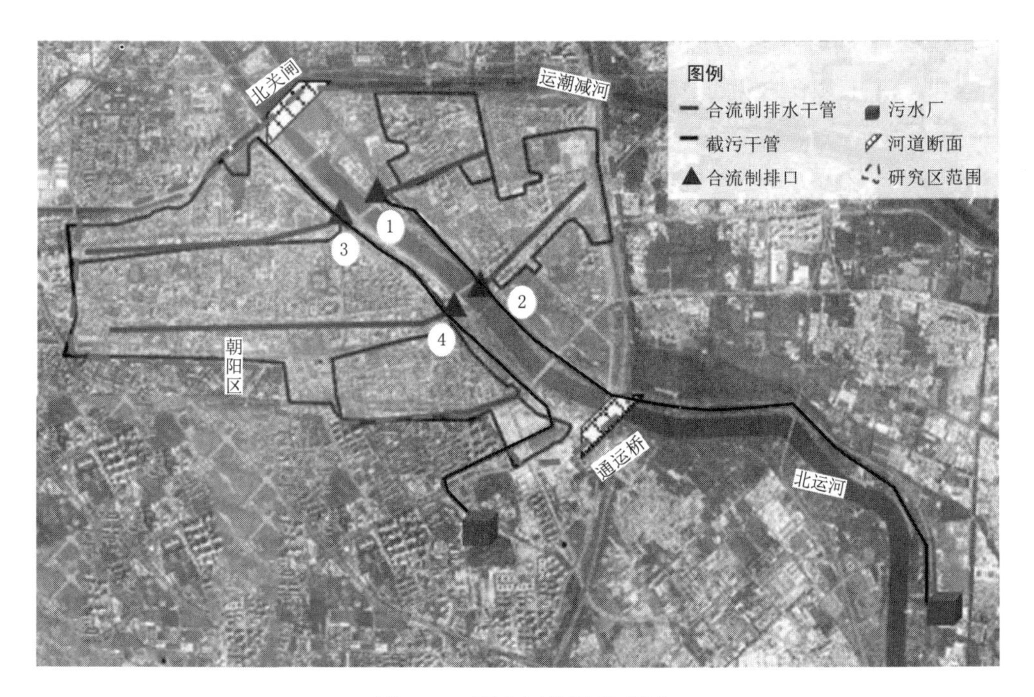

图5-1　研究区位置示意图

5.1 研究区域概况

北京城市副中心位于通州区，地处北京市东南部，总面积达155km^2，区域内地势平坦低洼，水系发达，北运河河道将副中心分割为河东和河西两大片区。由于建设年代较早，部分区域为合流制排水体制，虽经过截流改造，但因截留倍数仅为1，溢流事件时有发生，影响河道水质。本书选择北运河城区段为研究区，起点自北关闸，终点为通运桥，全长约4.2km，河道平均宽度约185m，为相对封闭河道，无其他支流汇入。据调查，研究区内共有4处合流制排口，其中北运河河东2处，河西2处（图5-1）。除两处雨水排口外，无其他外源输入。

5.2 研究数据及方法

5.2.1 数据来源

研究采用的数据包括降雨数据、管网数据、下垫面数据、高程数据、人口数据、河道水质及流量数据、排口水位及水质数据。其中河道水质数据为北运河研究范围的入流断面北关闸监测数据。降雨数据来自气象部门，时间间隔为5min。排口水位及水深数据来自于布设在排口1溢流堰前的水位计，水质数据利用人工取样，取样点与水位监测点位一致，取样间隔自5～30min，样品送往实验室检测，检测指标为化学需氧量（COD）。研究采用数据汇总见表5-1。

表5-1　研究采用数据汇总

编号	数据名称	数据来源	说　明
1	降雨数据	气象部门	数据间隔为5min
2	管网数据	实测数据	包括检查井地面高程、井底高程；管网尺寸、上下游高程
3	下垫面数据	通过遥感卫片解译	2019年高分卫星影像解译结果
4	高程数据	实测数据	1∶2000地形图
5	人口数据	2019年通州区统计年鉴	单位建筑用地面积人口数，依据街道人口统计数据和建筑用地面积计算获得
6	河道水质	监测数据	2019年1—10月，其中4—10月采样频次为4次/月，1—3月采样频次为1次/月
7	排口水位	自动水位监测设备	2019年2场降雨监测数据，监测频次5min
8	合流污水水质	人工取样，实验室检测	2019年2场降雨监测数据，取样频次5～60min

5.2.2 模型构建与参数率定

选用EPA SWMM 5.1软件，构建研究区数值模型，包括产汇流模型、管网水动力模型、地表污染物累积模型和冲刷模型以及街道清扫模型等组成部分，模拟要素包含水量和水质。首先，基于地形数据及管网数据，概化区域管网系统包括截流井、截流堰等构筑物，并划分排水分区；其次，基于 ArcGIS 软件采用泰森多边形法划分子汇水区，并将其连接到临近检查井；最后，基于地形数据及土地利用数据，提取子汇水区面积、特征宽度、平均坡度、用地类型和不透水比例等参数，并在模型中赋值。本书中，产流模型采用 Horton 下渗模型，地表汇流过程采用非线性水库模型；管道水流传输采用动力波法演算；城市地表污染物累积和径流冲刷过程均采用指数函数模型模拟，根据不同用地类型设置水质指标（本书中仅模拟 COD）累积和冲刷参数，考虑街道对污染物的去除效果，添加街道清扫参数。研究区内采用同一降雨数据，不考虑空间分布差异。模型初始参数依据研究区同类研究文献及使用手册设置。

按照先水量后水质的原则，选取 2019 年 7 月 22 日和 7 月 28 日两场典型场次降雨开展模型参数率定工作。其中水量模型采用水深，水质模型采用 COD 作为分析指标。采用纳什系数（*NSE*）和平均相对偏差（*BIAS*）作为模型水量模拟精度的评价指标，采用 *BIAS* 作为水质模型精度的评价指标。经分析，水量模型 *NSE* 分别为 0.81 和 0.91，*BIAS* 分别为 0.08、0.05；水质模型 *BIAS* 为 0.19 和 0.23，水量模型和水质模型模拟精度较好，满足研究需求要。模型率定与验证结果如图 5-2 所示，率定后的模型主要参数取值见表 5-2。

表 5-2　　模型参数取值

参数名称	物理意义	参数取值
N-imperv	不透水区域糙率系数	0.025
N-perv	透水区域糙率系数	0.120
Des-imperv	不透水区域洼蓄量/mm	4
Des-perv	透水区域洼蓄量/mm	10
Roughness	管道糙率系数	0.0168
Maxrate	最大入渗率/(mm/h)	75
Minrate	最小入渗率/(mm/h)	8
Decay-con	渗透衰减系数	5
Drying-time	干燥时间/d	7
Sweeping Interval	清扫间隔/d	0.5
Sweeping Availability	清扫效率/%	70
Max Buildup	污染物最大累积量/kg/ha	绿地 50，建筑 180、道路 170、未利用地 70
Saturation Constant	污染物饱和累积期/d	绿地 10、建筑 4、道路 4、未利用地 10
Washoff Coefficient	冲刷系数	绿地 0.0035、建筑 0.012、道路 0.004、未利用地 0.0035
Washoff Exponent	冲刷指数	绿地 1.2、建筑 1.8、道路 1.5、未利用地 1.2

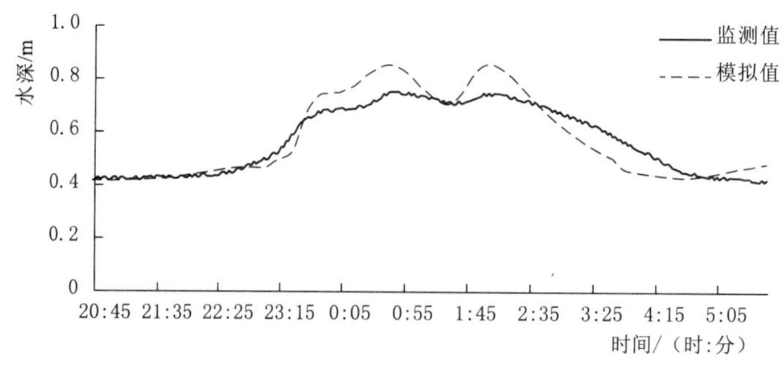

（a）2019-07-22降雨场次水深变化过程

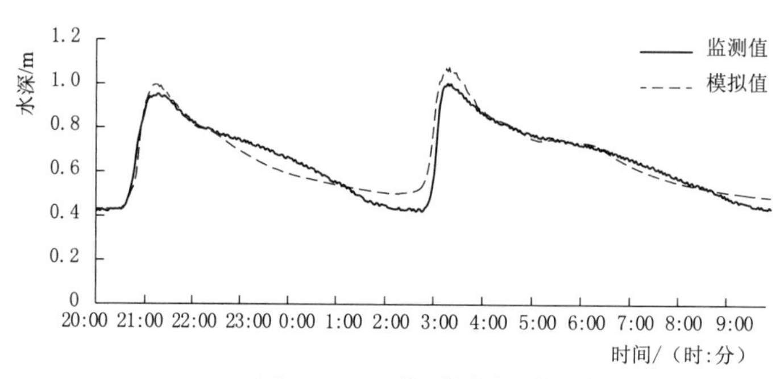

（b）2019-07-28降雨场次水深变化过程

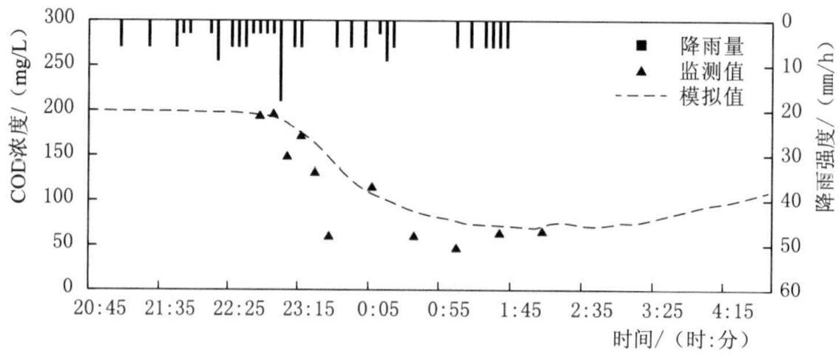

（c）2019-07-22降雨场次水质变化过程

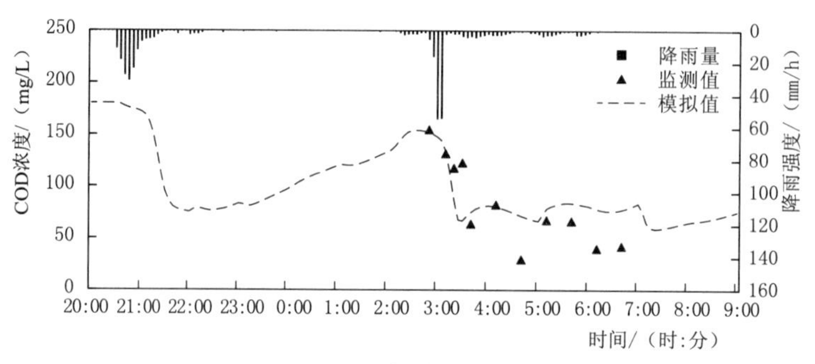

（d）2019-07-28降雨场次水质变化过程

图 5-2　模型率定与验证结果

5.2.3 河道纳污能力计算方法

水质评价方法包括单因子评价法、水质综合指数评价法、模糊综合评价法、人工神经网络法等。本书根据《地表水环境质量标准》(GB 3838—2002),采用单因子评价法判定水质类别,并开展水环境容量核算。

河道纳污能力即河道水环境容量,表征的是河道在某一条件下允许排入的最大污染负荷,包括差值容量和自净容量。前者表征的是河道水质管理目标与现状值的差异,后者表征的是河道在某一时段内的自我净化能力。本书假定溢流污水进入水体后污染物均匀混合,按照一维水质 S-P 模型,计算河道纳污能力,计算公式为

$$W_L = W_1 + W_2 \tag{5-1}$$

$$W_1 = Q_0(C_g - C_0) \times 10^{-3} T \tag{5-2}$$

$$W_2 = Q_0(C_0 - C) \times 10^{-3} \times T \tag{5-3}$$

$$C = C_0 e^{-K\frac{L}{86400u}} \tag{5-4}$$

$$u = Q_0/A \tag{5-5}$$

式中 W_L——水环境容量,kg;

W_1——差值容量,kg;

W_2——自净容量,kg;

Q_0——入流断面流量,m^3/s;

C_g——管理目标浓度,mg/L;

C_0——入流断面本底浓度,mg/L;

T——计算时间,本书中为溢流时长,s;

u——水流流速,m/s;

A——断面面积,m^2;

K——衰减系数,d^{-1};

L——河段长度,m。

5.2.4 降雨场次与溢流场次划分方法

目前对于降雨场次的划分方法并未统一,但降雨场次影响溢流场次,本书结合研究区正在开展的合流制管网调蓄工程调度规则(即雨后 24h 内将调蓄水量处理完毕),将降雨场次划分标准确定为 24h 内累积降雨小于 2mm,即最小降雨时间间隔 24h。受合流制干管总流量及截流管截流量影响,1 场降雨过程中可能会发生多次溢流,本书对 1 场降雨过程内的多次溢流事件记为 1 次溢流。

5.3 现状分析与评价

5.3.1 河道水质现状评价

2019年汛期河道水质监测结果表明，研究区河道入流断面COD浓度平均值为27.82mg/L，在汛期非降雨时段COD浓度平均值在30.24mg/L左右，略微超出地表水Ⅳ类标准。从各个月份来看，7月和8月平均浓度在30mg/L以下，6月和9月平均浓度大于30mg/L。

为评价合流制溢流情况，采用2013—2017连续5年实测降雨数据开展模拟，以年为单位划分溢流场次，统计各场次排口溢流频次及溢流量，各排口年溢流频次见表5-3。结果表明，年平均降雨量为683mm，最高值842mm，最低值574mm；年降雨场次最高为31场，最低为19场，平均值为27场。各个排口溢流次数最高为11次，最低为6次，年均溢流频次在7～9之间。相对而言，排口4溢流频次最高，其次是排口3，排口2溢流频次最低。相对而言，北运河西岸排口溢流频次（8.5次）要高于河东（7.8次）。

表5-3　各排口年溢流频次

年份	降雨量/mm	降雨场次/次	平均场次降雨量/mm	总溢流量/m^3	各排口溢流频次/次			
					排口1	排口2	排口3	排口4
2013	574	31	19	37931	8	6	9	9
2014	643	30	21	152759	7	7	8	7
2015	650	27	24	88950	7	6	6	6
2016	842	30	28	226673	11	10	11	11
2017	706	19	37	207415	8	8	8	10
平均	683	27	25	142746	8.2	7.4	8.4	8.6

通过对比分析可知，2017年降雨场次最低，但降雨总量为706mm，平均场次降雨量37mm，远大于其他年份。考虑到场次雨量大的降雨会带来更多的溢流污染负荷，故选择2017年降雨作为最不利情景，开展后续合流制溢流治理研究。

5.3.2 场次河道纳污能力计算

以确保河道出流水质不高于入流水质作为管理目标，即差值容量W_1为0，河道纳污能力W_L等于自净容量W_2。参考北运河COD降解速率模拟研究成果，考虑到溢流事件多发生于汛期，河道水流速度较大，最终确定COD衰减系数取0.1/d。采用北关闸闸下流量及水位监测数据，计算入流断面流量Q_0及流速u，河段长度L采用各排口距出流断面距离的平均值，为2.44km。基于模型模拟结果，统计各排口溢流量、溢流负荷和溢流时间，对溢流量及溢流负荷进行汇总求和，以各排口中溢流时间最长的作为溢流时长 T，根据式（5-1）～式（5-5）计算确定不同场次河道纳污能力，并计算超标负荷，场次溢流情况及纳污能力计算结果汇总见表 5-4。溢流量和溢流污染负荷相关关系曲线如图 5-3 所示。

表 5-4　场次溢流情况及纳污能力计算结果汇总

序号	日　期	降雨量/mm	溢流量/m³	溢流污染负荷/kg	溢流时长/h	纳污能力/kg	超标负荷/kg
1	2017-05-22	17.9	1890	416	2.0	200	216
2	2017-06-23	53.0	60686	6041	17.0	1874	4167
3	2017-07-06	25.2	11765	2078	6.0	533	1545
4	2017-07-21	8.2	7726	1210	4.0	368	842
5	2017-08-02	19.4	47237	5016	5.0	453	4563
6	2017-08-08	35.5	11918	1541	3.0	274	1267
7	2017-08-11	17.7	45028	4207	5.2	466	3741
8	2017-08-16	3.7	1096	291	2.0	245	46
9	2017-08-23	21.2	1966	433	1.0	110	323
10	2017-10-09	69.8	18116	3016	6.3	702	2314
平均值		27.2	20743	2425	5.2	520	1905

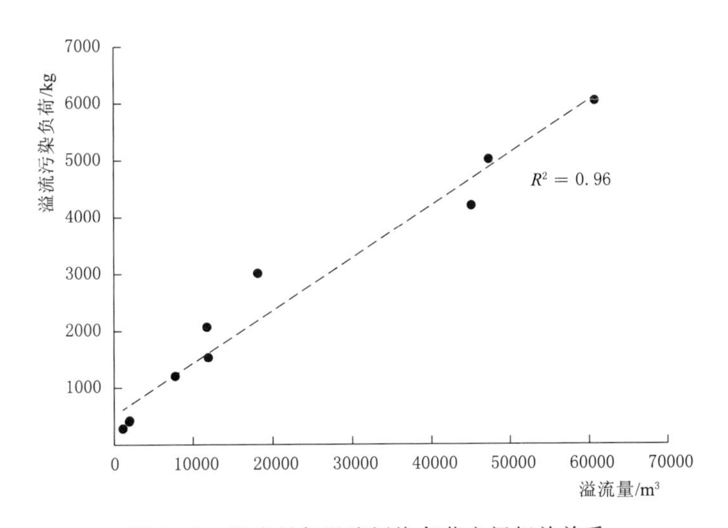

图 5-3　溢流量与溢流污染负荷之间相关关系

由表 5-4 可知，2017 年共发生 10 次溢流事件，其中 5 场发生在 8 月，2 场发生在 7 月，5 月、6 月和 10 月各发生 1 场。从水量上分析，溢流量最大为 6 月 23 日溢流事件，为 60686m³，最小是 8 月 16 日溢流事件，为 1096m³，平均场次溢流量为 20743m³。从溢流时长来看，最长溢流时间为 17h，最短为 1h，平均值为 5.2h。从溢流水量与水质关系来看，二者之间存在极强的正相关关系（图 5－3）。所有场次溢流污染负荷均超过纳污能力，最大为 8 月 2 日溢流事件，超标量为 4563kg，最小为 8 月 16 日，超标量为 46kg，平均超标负荷 1903kg。6 月 23 日，溢流量和溢流污染负荷超过 8 月 2 日，但是超标负荷却是后者大于前者，原因是后者溢流时间短，平均溢流水质浓度更高。由此可知，除场次溢流量和溢流污染负荷外，溢流时长是影响超标负荷的重要因素。通过一些措施，延长溢流时间，降低溢流强度，最大程度利用河道水体自净能力，增加溢流污染物在河段内运移过程中的自然降解量，可以降低合流制溢流治理工程的规模。

5.4 合流制溢流控制规模研究

本书类比“溢流频次”，在对场次纳污能力分析的基础上，提出将“超标频次”作为控制指标。“超标频次”是指所有发生的溢流事件中超出受纳水体纳污能力的次数，以年计。通过在入河前建设调蓄措施实现合流制溢流的控制是最为常用的工程措施，因此本书控制方案仅考虑调蓄措施。合流制溢流控制的根本目的在于改善降雨期间河道水质，减少其超标的次数，但若要控制所有合流制排口不溢流或者溢流场次河道水质全达标是不经济也是不现实的，因此国内外各地区合流制溢流的治理都会确定相应的标准。

按照场次溢流量由大到小进行排序，若要实现溢流 n 次的控制标准，则排序第 $n+1$ 溢流事件对应的溢流量即为所需调蓄规模。同理，以各场次溢流超标负荷为约束条件，除以各场次溢流事件的平均浓度得出的溢流量，由大到小进行排序，若要实现超标 n 次的控制标准，则排序 $n+1$ 溢流事件下超标负荷对应的溢流量即为调蓄规模。最后，以频次作为横轴，以调蓄规模为纵轴，不同控制标准下对应的调蓄规模如图 5－4 所示。

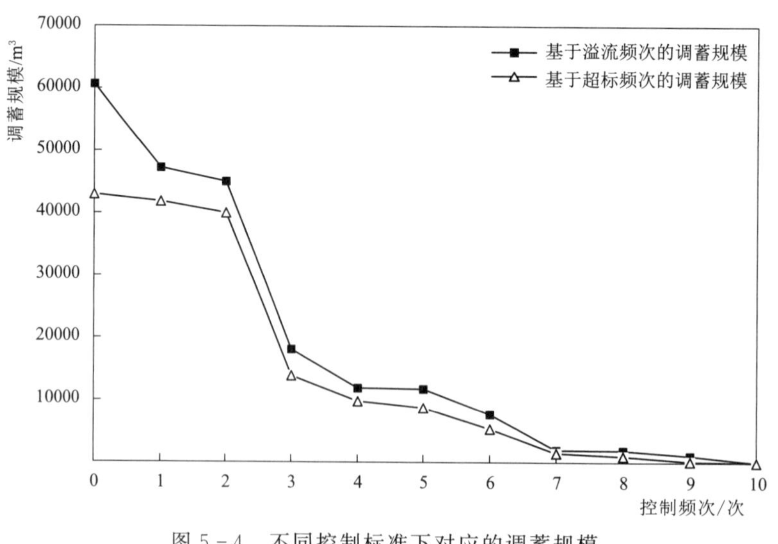

图 5－4　不同控制标准下对应的调蓄规模

通过图 5-4 可以获取不同控制标准下所需的调蓄规模。随着控制标准的降低（即频次增加），所需的调蓄规模呈现非线性下降趋势。频次低于 3 时，调蓄规模都在 40000m^3 以上，而频次放宽至 3 时，调蓄规模大幅降低至 20000m^3 以下。一般认为调蓄工程建设规模与投资成正比，因此从投出产出比来说，将控制标准定为 3 次最佳。该标准下，以溢流频次和超标频次为控制指标，所需的调蓄规模分别为 18116m^3 和 13899m^3，前者比后者偏大 30%，为 4217m^3。比较可知，当频次低于 7 次时，调蓄规模（即纵向上两个点的距离）存在明显差异，这个差值来自于溢流事件发生时段内河道纳污能力。不同控制指标所需调蓄规模及控制效果汇总见表 5-5。以 3 次作为控制标准，以溢流频次为控制指标情况下，溢流体积控制率为 52%，能够满足《海绵城市建设评价标准》（GB/T 51345—2018）提出的年溢流体积控制率不低于 50%的要求，而以超标频次作为控制指标，年溢流体积控制率则低于标准要求，若要实现要求，超标频次应定为 2 次。

表 5-5　　不同控制指标所需调蓄规模及控制效果汇总

控制频次/次	以溢流频次为控制指标			以超标频次为控制指标		
	调蓄规模/m^3	溢流体积控制率/%	溢流污染负荷控制率/%	调蓄规模/m^3	溢流体积控制率/%	溢流污染负荷控制率/%
0	60686	100	100	42974	88	90
1	47237	94	94	41856	87	89
2	45028	91	93	40042	84	86
3	18116	52	59	13899	44	51
4	11918	41	48	9801	34	41
5	11765	40	47	8748	31	38
6	7726	28	34	5376	21	25
7	1966	9	12	1466	7	9
8	1890	9	12	980	5	7
9	1096	5	7	174	1	1
10*	0	0	0	0	0	0

* 频次 10 次表示不作任何控制措施，维持现状。

综上所述，以溢流频次作为控制指标，忽略了河道自净能力，因此调蓄规模较超标频次偏大。此外，以溢流频次作为控制指标，通常只能是通过入河前建设调蓄设施实现控制目标，而以超标频次作为控制指标，除了单纯的调蓄设施之外，还可以通过建设水质快速处理设施如旋流分离器直接削减入河污染负荷从而实现控制目标，以超标频次作为控制指标更有利于工程措施的选择。

以超标频次 3 次为控制目标确定总调蓄规模后，需要将调蓄规模分配到每个排口上。按照公平分摊原则，以各排口溢流量在总溢流量中的贡献率为比例系数，分解调蓄规模。最终因排口 2 溢流占比最高，为 49.3%，因此调蓄规模按照同比例计算得出为 8929m^3。

排口 1、排口 3、排口 4 调蓄规模分别为 5911m^3、402m^3和 2873m^3，4 个排口的调蓄规模差异较大。从减少建设投资角度考虑，可以按统筹原则，将排口 3 的调蓄规模分摊到其他排口，进而减少调蓄设施建设数量，降低建设及运维成本，本书中将其分配至排口 4。最终各排口溢流量占比及调蓄规模见表 5-6。

表 5-6　各排口溢流量占比及调蓄规模

类　别	排口 1	排口 2	排口 3	排口 4
溢流量/m^3	67686	102240	4604	32897
溢流量占总溢流量的比例/%	32.6	49.3	2.2	15.9
按公平分摊原则确定的调蓄规模/m^3	5911	8929	402	2873
统筹后调蓄规模/m^3	5911	8929	0	3275

5.5　结论与展望

本书基于监测和数值模拟，分析评价了研究区水环境质量现状及合流制溢流现状，以确保受纳水体水质不恶化为管理目标，计算了场次溢流事件中的河道纳污能力，将超标频次作为合流制溢流控制指标，探讨了以溢流频次和超标频次作为控制指标，两种情况下调蓄规模的差异，并将调蓄规模分解至每个排口，主要结论如下：

（1）北运河研究区段 COD 浓度平均值为 27.82mg/L，达到地表水Ⅳ类标准，汛期无雨时略微超标，6 月和 9 月平均浓度大于 30mg/L。2013—2017 年平均年降雨场次 27 场，排口年均溢流频次 7～9 次，排口 4 溢流频次最高，排口 2 最低。2017 年平均场次降雨量最大，溢流场次平均污染负荷较高，作为最不利情景进行分析。

（2）2017 年 10 场发生溢流，主要发生在 8 月，平均场次溢流量为 20743m^3，平均溢流时间为 5.2h，最大溢流场次发生于 6 月 23 日，溢流量达 60686m^3。溢流水量与溢流污染负荷正相关。以确保河道水质不恶化为管理目标，计算场次纳污能力。结果表明所有场次溢流污染负荷均超过纳污能力，最大场次超标量为 4563kg。除溢流量和溢流负荷外，溢流时长也是影响超标负荷的因素。

（3）从投入产出比分析，合流制溢流控制频次定为 3 最佳。该控制标准下，以溢流频次和超标频次作为控制指标，所需的调蓄容积分别为 18116m^3和 13899m^3，年溢流体积控制率分别为 52%和 44%，溢流污染负荷控制率分别为 59%和 51%。若要满足《海绵城市建设评价标准》中提出合流制溢流年溢流体积控制率不低于 50%的控制标准，溢流频次应不超过 3 次，超标频次则应不超过 2 次。

（4）等比例分摊总调蓄规模至各排口，各排口调蓄规模差异较大，最大为 8929m^3，最小为 402m^3。可将最小的排口 3 的调蓄规模分摊至其他排口，以减少调蓄设施建设数量，降低建设及运维成本。

本书是假设研究区段其他入河负荷不变的前提下，基于一维水质S-P模型计算了河道纳污能力，后续可以结合排水管网与河道水量水质数值模型进行深入研究。合流制溢流控制手段多样，本书仅考虑了末端调蓄设施，源头低影响开发设施，过程管网截流及雨污分流改造等多种手段未做探讨。此外，对于合流制溢流控制标准更多应作为一种管理目标，根据区域特点和管理需求设置，只有相对合理，并不存在绝对科学或合理的控制标准。

第6章 降雨径流污染综合控制方案研究

老城区多为合流制排水体制，同时由于管网错综复杂，存在错接、漏接等情况，加之区域人类活动强度较大，雨水管网排口污染负荷也不容忽视。本章对北京市东城区典型雨水管网排口和合流制管网排口进行了为期3年的水质水量同步监测，并对不同下垫面的污染负荷进行监测。依据监测结果，分析了东城区降雨径流污染特征，基于构建的水质水量数值模型，量化了地表污染物对雨水管网排口污染的贡献率，量化了污水本底负荷对合流制管网排口污染的贡献率，在此基础上结合海绵城市系统规划，提出了东城区降雨径流污染控制方案。

6.1 区域概况

6.1.1 自然地理

东城区地处北京市中心城区的东部，辖区总面积41.84km^2，东、北与朝阳区接壤，南与丰台区相连，西与西城区毗邻。境域东西长5.2km，南北长13km。区域属于半湿润、暖温带，大陆性季风气候区。一年四季分明，夏季高温多雨，冬季寒冷干燥，春、秋短促。年平均气温11.7℃，1月（最冷月）平均气温－4.6℃，7月（最热月）平均气温25.8℃。年平均降水量626mm，降水年内分配不均，全年降水的80%集中在夏季6—8月三个月，7月、8月有强降雨。由于东城区属于高密度城市建成区，城市热岛效应明显，汛期易发生局地暴雨等极端气候。

东城区地处海河流域、北四河下游平原水资源区，河湖均分布在北运河水系，且属于北京市内城河湖水系范畴。东城区域内共有河流9条、湖泊6个（分别南护城河、前三门护城河、金水河、筒子河、北护城河、东护城河、亮马河、玉河、菖蒲河等，其中金水河、玉河，龙潭东湖、龙潭中湖、龙潭西湖、青年湖、柳荫湖和南馆湖），其中跨区河流6条，河流总长为24.23km，包括菖蒲河完全在东城区境内，其他均为跨区河流，湖泊面积0.45km^2，涉及城市河湖流域、北运河流域和凉水河流域。

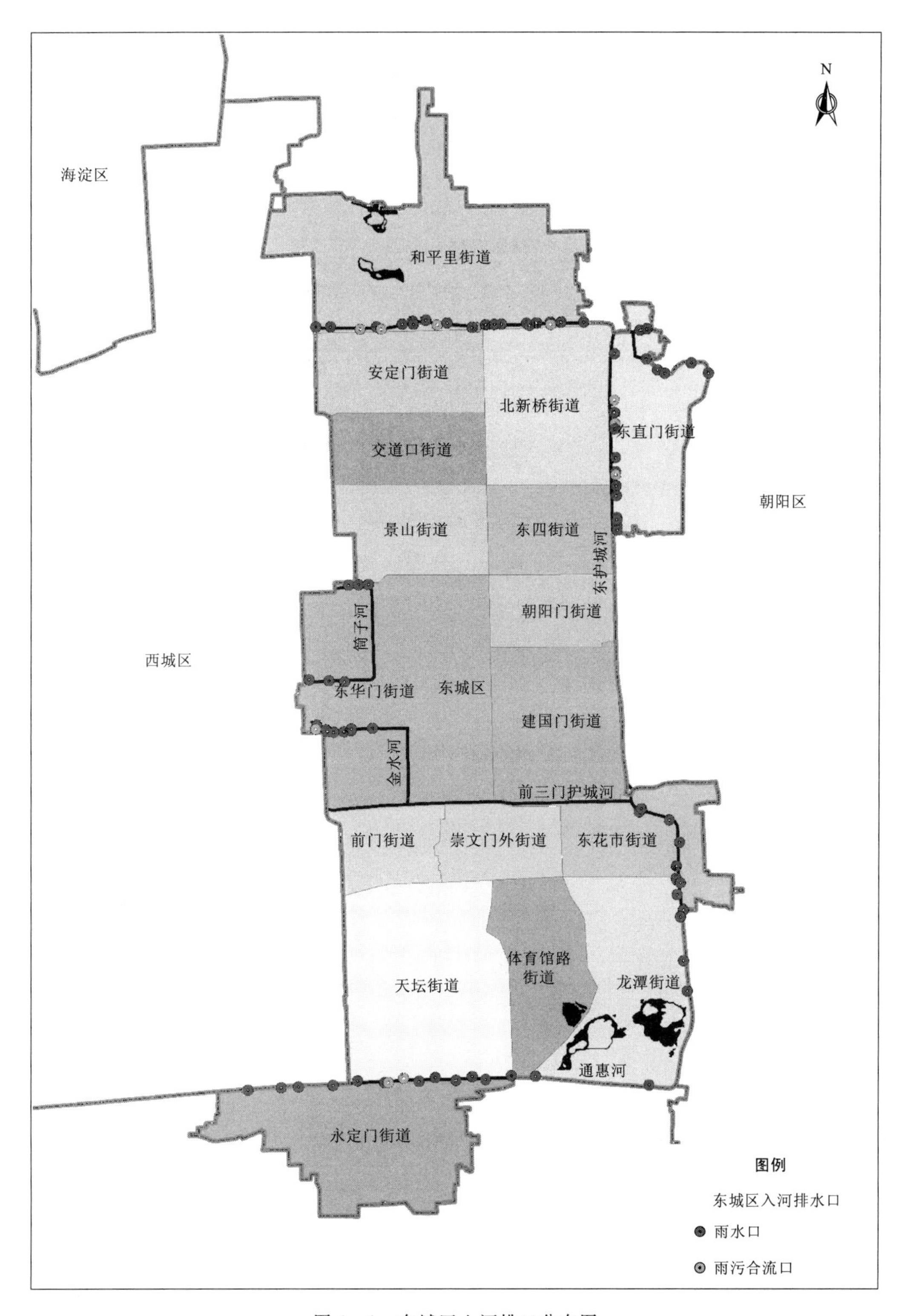

图 6-1 东城区入河排口分布图

图6-2　东城区管网分布图

6.1.2　土地利用

作为首都功能核心区，东城区土地利用方向鲜明，充分突出了东城区“全国性政治中心的主要载体、全国性文化机构聚集地之一、中华传统文化重要旅游地区和国内外知名的商业中心”的发展定位。目前东城区土地虽呈现过度开发态势，但仍有工业仓储用地、居住用地、商业与服务业用地等类型的土地可进一步开发或改变用途加以利用，以实现东城区土地的深度集约化配置和高效益发展。此外，通过京津冀协同发展战略和人口疏解政策，可释放一定土地利用空间。但总体来说，区内土地利用程度较高，土地开发潜力有限，用地功能相对单一并且高度城市化，不透水下垫面比例约为60%。

6.1.3 入河口情况

根据实地调查结果，东城区共有约100个入河排口，主要以雨水口为主，不存在工业排口、生活排口和养殖排口。雨污合流口主要分布在南护城河与北护城河，所属街道包括天坛、安定门、龙潭与东花市街道。据统计，在东城区内有86.4%的区域仍然为雨污合流或混流排水。东城区入河排口分布图如图6-1所示，东城区管网分布如图6-2所示。

6.2 数据及方法

6.2.1 典型排口监测方案

在北护城河选取A（雨水口）、B（合流口）两个排口建立降雨、径流流量和水质自动采样监测系统，同步获取降雨、径流量和水质数据，监测时间为2019年、2020年和2021年的6—9月。

（1）降雨量监测。在安定闸安装翻斗式雨量计，监测降雨量。

（2）径流量监测。A排口采用堰槽法进行流量监测，设备安装于排口上游检查井内，分别安装薄壁计量堰、水位传感器、远传式明渠流量计箱，对北护城河行洪不造成影响。直径0.9m，高0.01m的矩形薄壁计量堰在排口断面底部用膨胀螺栓进行打孔固定，两侧及底部用堵漏材料进行封堵，防止跑水、漏水、渗水。长0.1m，直径3cm的水位传感器固定在计量堰上。远传式明渠流量计箱用膨胀螺栓与井内墙面进行膨胀螺栓打孔固定。B排口采用堰槽法开展流量监测。设备安装于排口上游检查井内，分别安装形薄壁计量堰、水位传感器、远传式明渠流量计箱，对北护城河行洪不造成影响。直径1.8m，高0.02m

图6-3 A、B排口实拍图

的矩形薄壁计量堰是在排口断面底部用膨胀螺栓进行打孔固定，两侧及底部用堵漏材料进行封堵，防止跑水、漏水、渗水。长0.1m，直径3cm的水位传感器固定在计量堰上。远传式明渠流量计箱用膨胀螺栓与井内墙面进行膨胀螺栓打孔固定。

（3）水质监测。降雨初期，雨水将干燥期地面累积污染物冲刷进入管网，导致初期雨水径流污染物浓度变化波动幅度较大，后期波动幅度较小，因此本实验采用前密后疏的方法进行水质采样。采用降雨量、水位传感器触发启动技术，当累积降雨量达到8mm或达到预设水位条件时，自动取样设备按照预设时间间隔采集径流样品，预设采样间隔为第1h每10min采集1次样品，第2h每15min采集1次样品，第3h每20min采集1次样品，第4h每30min采集1次样品，第4h后每1h采集1次样品，一次降雨径流过程最多可连续采集24瓶样品。采集的水质样品送检测机构监测，水质分析指标共5项：悬浮物（SS）、化学需氧量（COD）、氨氮（NH_3-N）、总磷（TP）和总氮（TN）5个常规指标进行水质检验，分析降雨径流污染规律。雨水口水质样本数据见表6-1、合流口水质样本数据见表6-2。

表6-1　　雨水口水质样本数据

小雨		中雨		大雨	
降雨场次	样品个数	降雨场次	样品个数	降雨场次	样品个数
2019-07-19	7	2021-06-25	14	2021-07-01	13
2021-06-23	7	2021-07-29	10	2021-07-03	16
2021-07-22	13	2021-08-16	8	2021-07-05	16

表6-2　　合流口水质样本数据

中雨		大雨	
降雨场次	样品个数	降雨场次	样品个数
2021-06-25	5	2021-07-01	9
2021-08-16	7	2021-07-03	22
2021-09-13	5	2021-07-27	6

6.2.2　分析方法

1. 初期冲刷效应分析方法

对初期冲刷效应分析采用以下两种方法：①采用无量纲累积曲线$M(V)$方法分析；②采用污染物初期冲刷率（MFF_n）进行分析。其中$M(V)$方法在第2章已经介绍，本章不再赘述，重点介绍第2种方法，即污染物初期冲刷率（MFF_n）。

污染物初期冲刷率是一种基于无量纲累积曲线$M(V)$能够定量描述初期冲刷现象的方法，MFF_n计算公式为

$$MMF_n = \frac{\int_0^t C_t Q_t \mathrm{d}t / M}{\int_0^t Q_t \mathrm{d}t / V} \tag{6-1}$$

式中 M——污染物总量；

V——径流总量；

t——径流量达到 $n\%$ 的时刻；

C_t——t 时刻污染物浓度；

Q_t——t 时刻地表径流量。

表 6-3　　MFF_{30} 的五级分类标准

MFF_{30} 范围	初期冲刷效应等级	MFF_{30} 范围	初期冲刷效应等级
$MFF_{30}<1.00$	无	$2.00\leqslant MFF_{30}<2.50$	强
$1.00\leqslant MFF_{30}<1.50$	弱	$MFF_{30}\geqslant 2.50$	很强
$1.50\leqslant MFF_{30}<2.00$	中等		

2. 相关性分析

利用 SPSS 25.0，采用 Pearson 相关分析对数据进行相关分析。Pearson 相关分析用于确定两个变量之间的相关性。相关系数（r）无量纲，在 $-1.0\sim+1.0$ 之间，各变量之间存在显著的负相关关系和正相关关系（$p<0.05$），如果接近 0，表示变量之间不存在线性关系。

6.2.3　降雨量级划分

按照气象部门降雨等级划分标准，将 2019 年和 2021 年监测的 9 场有效降雨（降雨量大于 2mm）划分为小雨（24h 降雨量小于 10mm）、中雨（24h 降雨量为 10～24.9mm）、大雨（24h 降雨量为 25～49.9mm），分别选取小雨 3 场、中雨 4 场、大雨 4 场降雨，分析降雨期间雨水排口径流污染特征。统计降雨事件降雨历时、最大雨强、降雨量和雨前干燥期等降雨特征（表 6-4）。其中降雨量为 3.40～48.80mm，最大降雨强度为 1.00～14.80mm/10min，降雨历时为 1～18h，雨前干燥期为 1～12d。

表 6-4　　降雨事件基本特征和类型

降雨类型	降雨场次	降雨历时/h	最大雨强/(mm/10min)	降雨量/mm	雨前干燥期/d
小雨	2019-07-19	1.00	1.60	3.40	1
	2021-06-23	2.83	1.00	7.20	6
	2021-07-22	1.40	1.80	4.80	3

续表

降雨类型	降雨场次	降雨历时/h	最大雨强/(mm/10min)	降雨量/mm	雨前干燥期/d
中雨	2021-06-25	6.67	2.40	20.60	2
	2021-07-29	10.33	1.40	17.40	2
	2021-08-16	2.67	4.20	14.00	4
	2021-09-13	1.50	5.00	14.20	4
大雨	2021-07-01	1.50	14.80	47.00	6
	2021-07-03	5.17	10.20	48.80	2
	2021-07-05	5.67	6.80	38.40	2
	2021-07-27	18.00	9.60	43.40	12

6.3 雨水管网排口径流污染特征分析及影响因素识别

6.3.1 排水分区土地利用情况分析

1. 雨水排口

雨水排口上游排水分区管道排水体制为雨污分流制，面积 8.38hm²，不透水率为63%左右。上游排口主要是建筑小区，下垫面类型为居住建筑、小区道路、市政道路、绿地等，主要汇集建筑小区和道路径流，汇集后经管道入北护城河。

2. 合流制排口

合流制排口上游排水分区管道排水体制为雨污合流制，面积 75.48hm²，不透水率为60%左右。下垫面类型主要包括绿地、建筑和道路，绿地包括小区绿地、道路绿化带，建筑包括居住建筑、公共建筑，道路包括小区道路、市政道路等。降雨期间，雨水冲刷下垫面，汇集后经管道入北护城河。

雨水口、合流口下垫面用地类型如图 6-4 所示。

6.3.2 不同降雨量级下水量和水质规律分析

1. 小雨量级下水质和水量规律分析

当累积降雨量达到 3.6mm 左右时，排口开始出流，时间为降雨开始后 1h 左右，流量在 40～110m³之间。3 场小雨的 $M(V)$ 曲线如图 6-5 所示，总体而言，降雨初期污染物浓度较高，随着降雨的进行，污染物浓度逐渐降低，并趋于稳定。从水质指标浓度最大值来看，前 3 个水质样品污染物浓度值较高，所有水质指标在 0～30min 内达到最大值。从时间角度来看，6 月之前污染物累积时间长、降雨频率低，故 6 月来自地表下垫面的污染物负荷较 7 月高。出流期间各类水质指标浓度值均低于Ⅳ类水标准。7 月降雨，

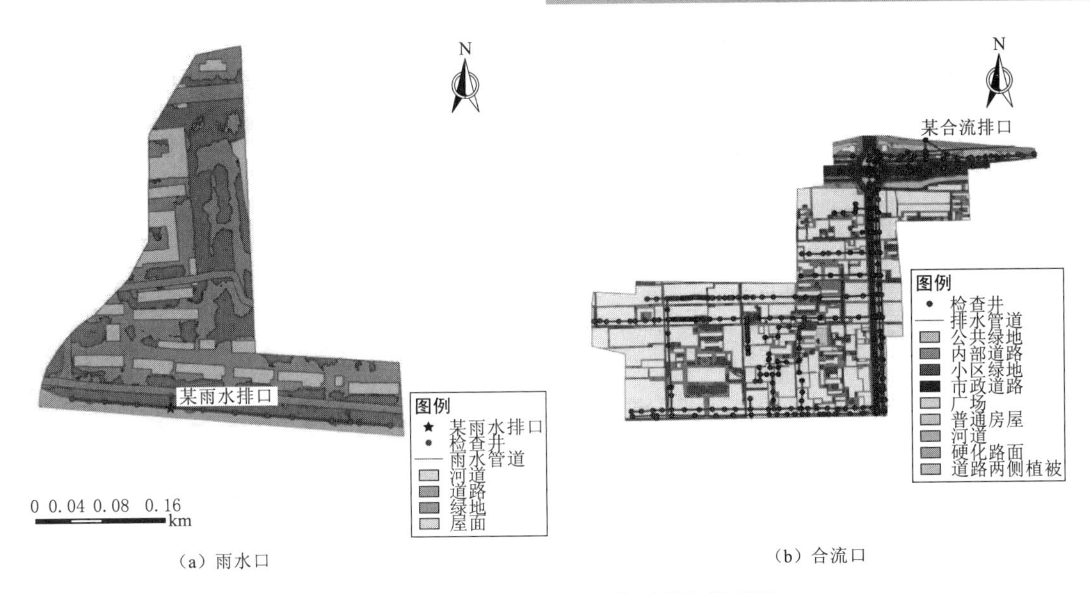

（a）雨水口　　　　（b）合流口

图 6-4　雨水口、合流口下垫面用地类型图

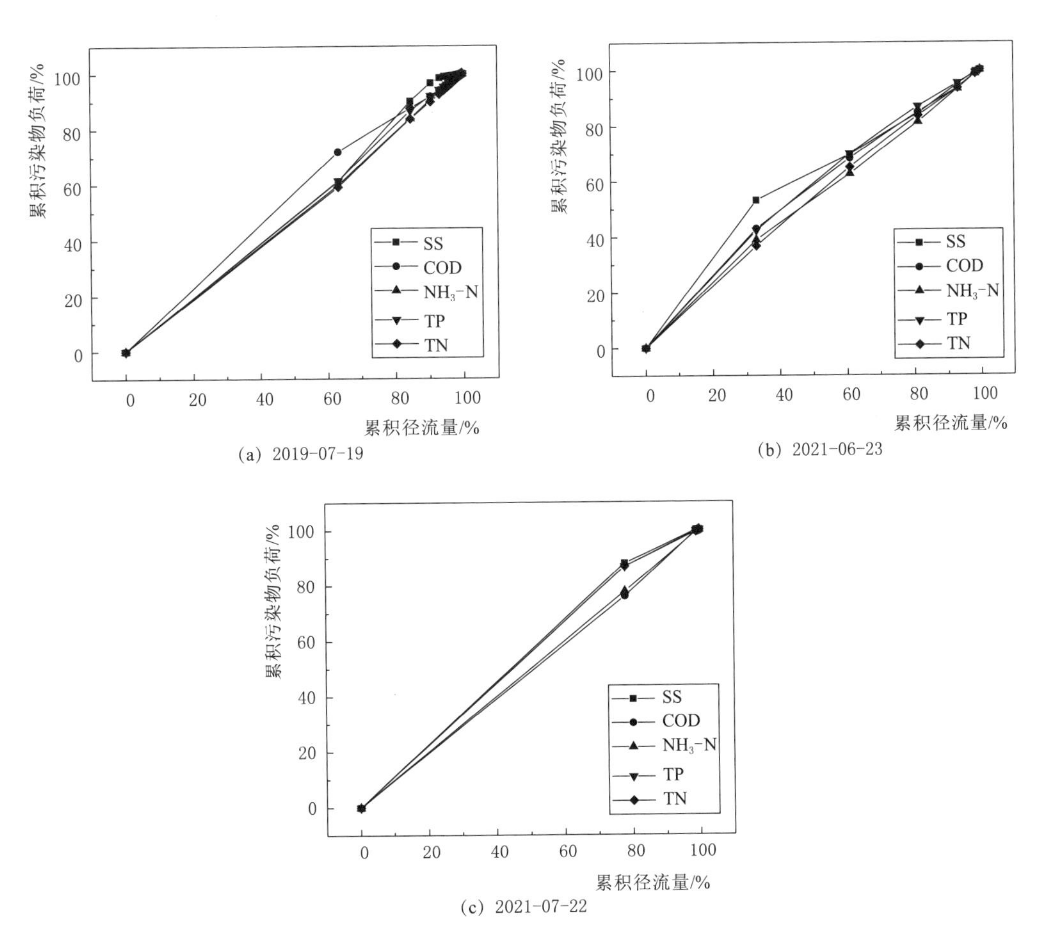

(a) 2019-07-19　　　　(b) 2021-06-23

(c) 2021-07-22

图 6-5　小雨 $M(V)$ 曲线图

SS、COD、NH_3-N、TP指标在降雨中后期达到Ⅳ类水标准，而TN指标则高于Ⅳ类水标准。当降雨量和最大雨强量级相近时（2019-07-19、2021-07-22），雨前干燥期越长，降雨径流污染物浓度越高。

绘制无量纲累积曲线$M(V)$（图6-6），计算污染物初期冲刷率MMF_{30}（表6-5）。参照MFF_{30}的五级标准，场次小雨初期冲刷效应普遍较弱。

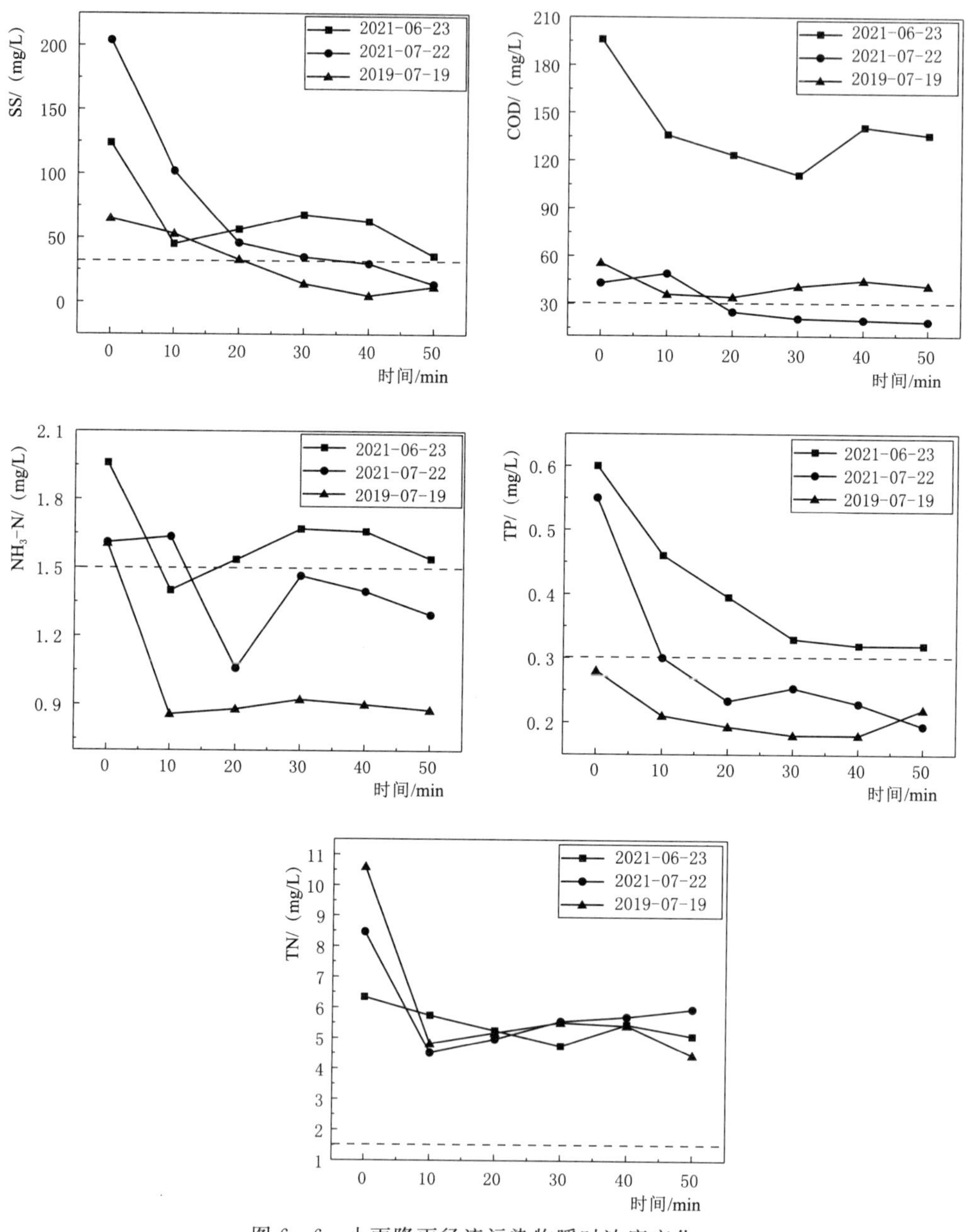

图6-6　小雨降雨径流污染物瞬时浓度变化
（注：虚线为该水质指标的地表水Ⅳ类标准值）

表 6-5　　　小　雨　MMF_{30}　值

污染物指标	时　间	SS	COD	NH_3-N	TP	TN
MMF_{30}	2019-07-19	0.97（无）	1.14（弱）	0.95（无）	0.97（无）	0.93（无）
	2021-06-23	1.63（中等）	1.31（弱）	1.19（弱）	1.30（弱）	1.12（弱）
	2021-07-22	1.13（弱）	0.98（无）	1.00（弱）	1.11（弱）	1.11（弱）
平均值		1.24	1.14	1.05	1.13	1.05

2. 中雨条件下径流污染特征分析

当累积降雨量达到 4mm 左右，降雨开始后约 40min 后，排口开始出流，出流持续时出流量为 50～200m^3。3 场中雨的径流污染物瞬时浓度变化如图 6-7 所示，可以看出，降雨初期污染物浓度变化趋势与小雨相似，均呈逐渐降低趋势，但中雨污染物浓度出现上下波动，这与降雨过程相关，降雨期间降雨强度增强，对下垫面或管道内沉积物的冲刷作用增强导致了污染物强度上下波动。从水质指标浓度最大值来看，前 4 个水质样品污染物浓度值较高，所有水质指标在 0～40min 内达到最大值。从时间角度来看，除 TP 外，6 月降雨径流污染物浓度高于 7 月、8 月，整个出流过程中污染物浓度值均低于Ⅳ类水标准。7 月、8 月降雨，SS、COD、NH_3-N 指标在出流 40min 左右达到或接近Ⅳ类水标

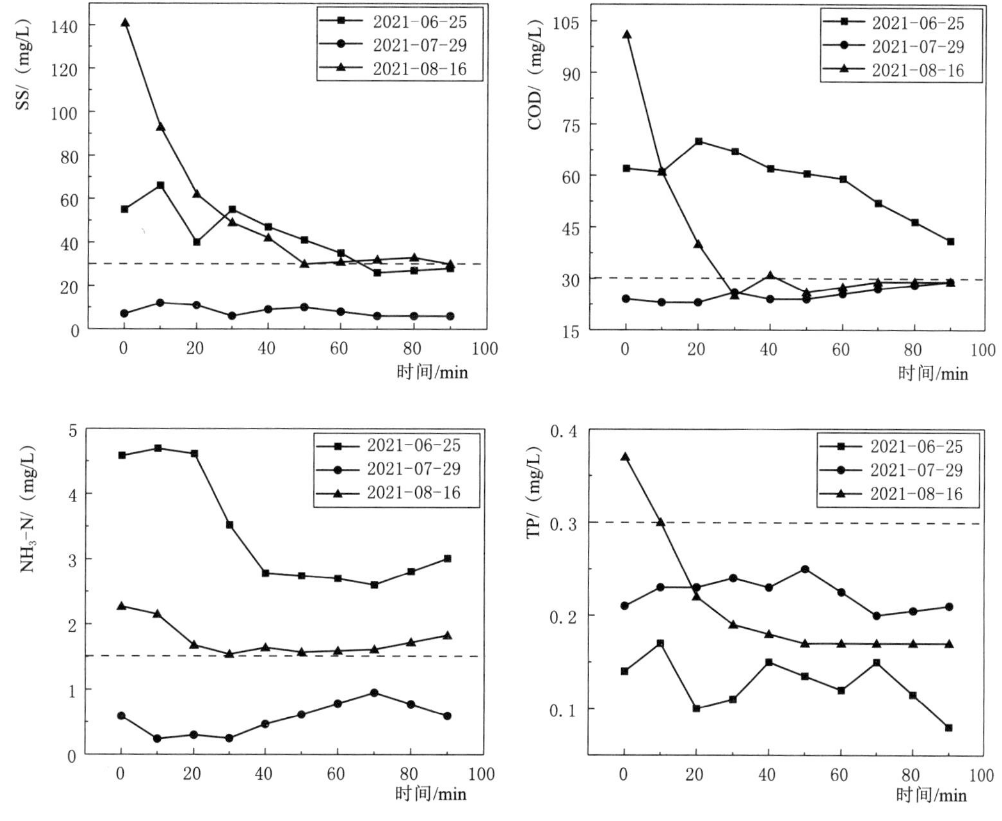

图 6-7（一）　中雨降雨径流污染物瞬时浓度变化

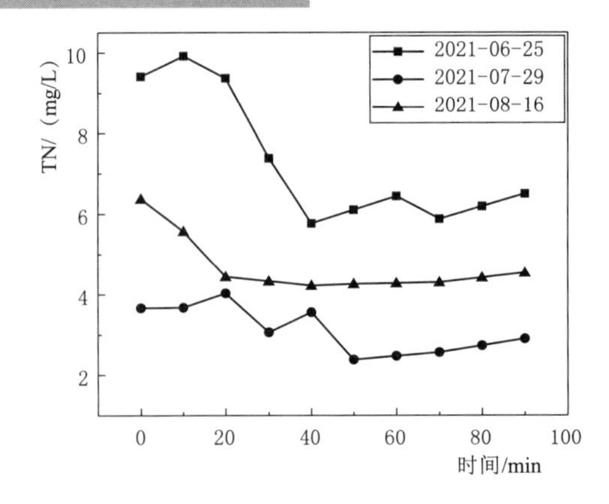

图 6－7（二） 中雨降雨径流污染物瞬时浓度变化

（注：虚线为该水质指标的地表水Ⅳ类标准值）

准，TP 指标在溢流 10min 左右达到Ⅳ类水标准，TN 指标远超于Ⅳ类水标准。

中雨 $M(V)$ 曲线如图 6－8 所示，污染物初期冲刷率 MMF_{30} 见表 6－6，场次中雨初期冲刷效应普遍较弱。

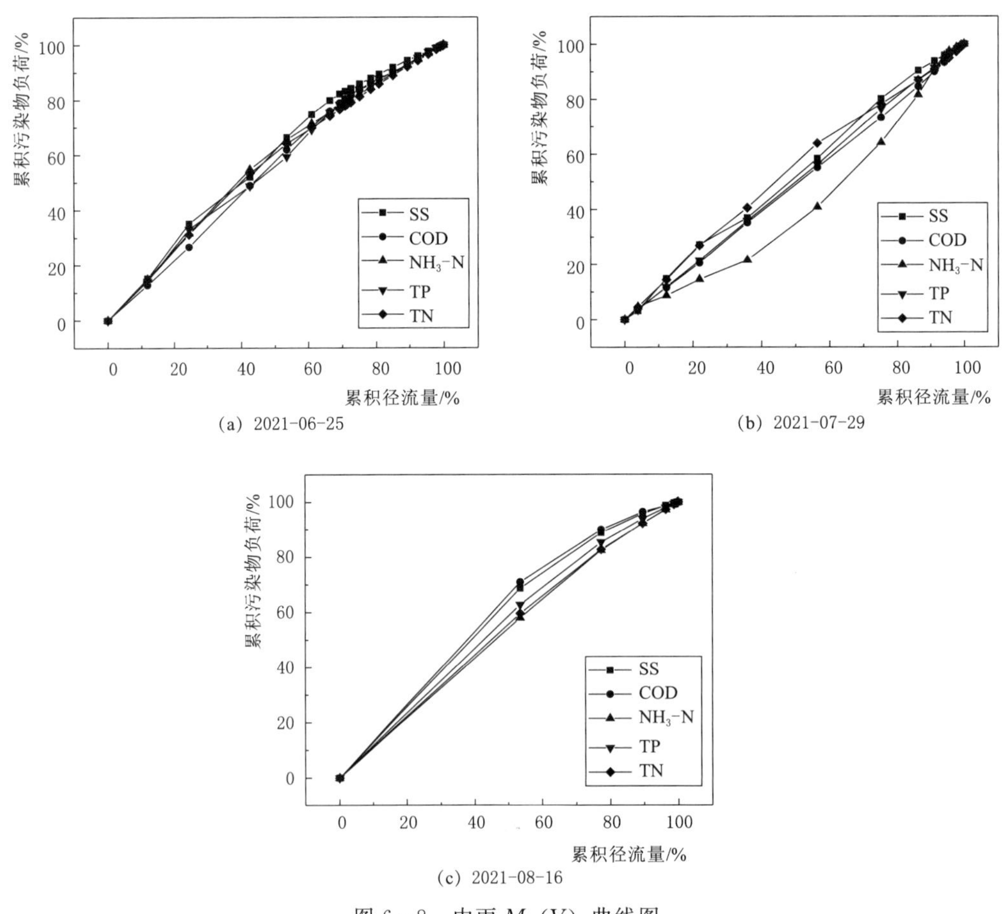

图 6－8 中雨 M（V）曲线图

表 6-6　　中雨 MMF_{30} 值

污染物指标	时间	SS	COD	NH_3-N	TP	TN
MMF_{30}	2021-06-25	1.36（弱）	1.11（弱）	1.26（弱）	1.20（弱）	1.26（弱）
	2021-07-29	1.11（弱）	0.97（无）	0.64（无）	0.82（无）	1.40（弱）
	2021-08-16	1.28（弱）	1.32（弱）	1.08（弱）	1.17（弱）	1.11（弱）
平均值		1.25	1.13	0.99	1.06	1.26

3. 大雨条件下径流污染特征分析

当累积降雨量达到 4mm 左右，降雨开始后约 30min 后，排口开始出流，出流时间持续时间在 3.5～7h，出流量为 400～750m^3。3 场大雨的径流污染物瞬时浓度变化如图 6-9 所示，降雨初期污染物浓度 SS 与 COD 指标呈逐渐降低趋势，NH_3-N、TP、TN 浓度在中后期出现陡升与陡降趋势，主要受降雨过程影响，中后期出现降雨强度突然增强，径流量增加，对管道冲刷作用增强，导致污染物浓度增加，由此可见，大雨事件前期对管道冲刷不完全。从污染指标浓度最大值来看，污染指标普遍前 3 个水质样品污染物浓度值较高，所有污染指标在 0～30min 内达到最大值，而对于雨前干燥期较长的大雨事件 TP、TN 指标在降雨中后期出现浓度最大值，受最大雨强影响较大。从时间角度来看，7 月降雨，SS、COD、NH_3-N 指标在溢流 20min 左右达到或接近Ⅳ类水标准，TP 指标

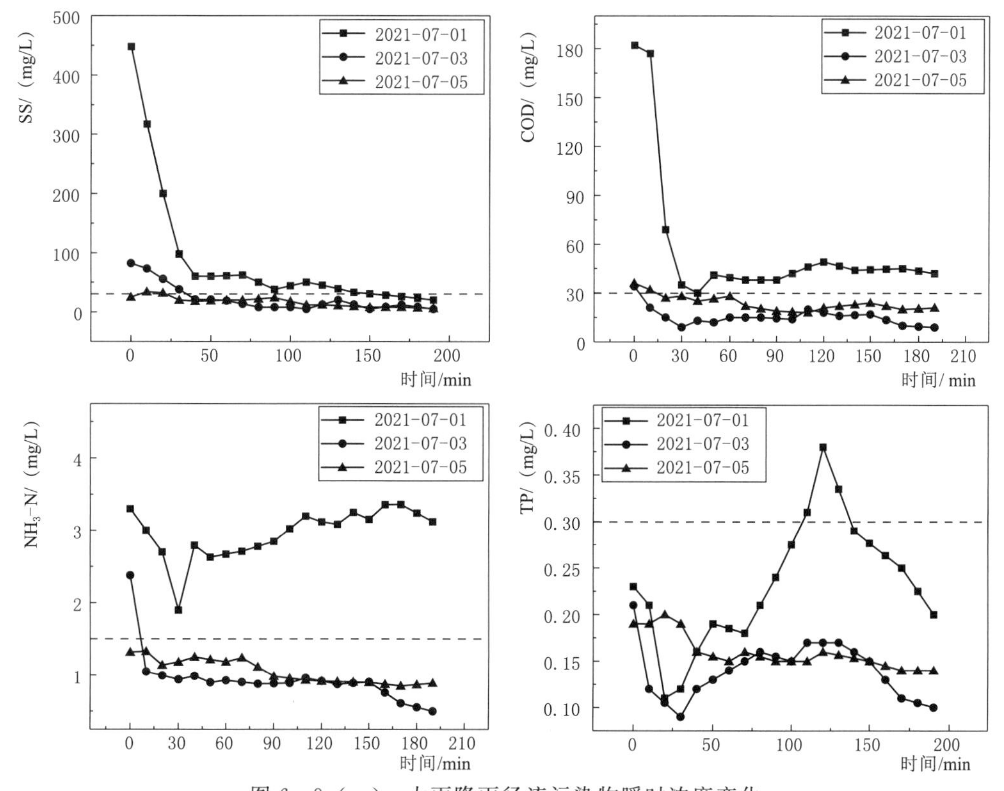

图 6-9（一）　大雨降雨径流污染物瞬时浓度变化

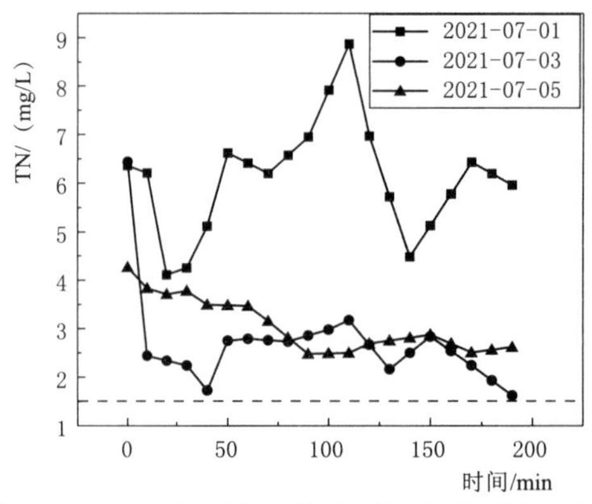

图6-9（二） 大雨降雨径流污染物瞬时浓度变化

（注：虚线为该水质指标的地表水Ⅳ类标准值）

污染程度较低，对于雨前干燥期较长的大雨事件，在降雨中后期出现浓度超标情况，TN指标远低于Ⅳ类水标准，污染程度较高。从降雨特征来看，降雨量量级相差不大时，雨前干燥期越长，污染指标浓度越高。

大雨 $M(V)$ 曲线如图6-10所示，大雨 MMF_{30} 见表6-7，场次大雨初期冲刷效应处

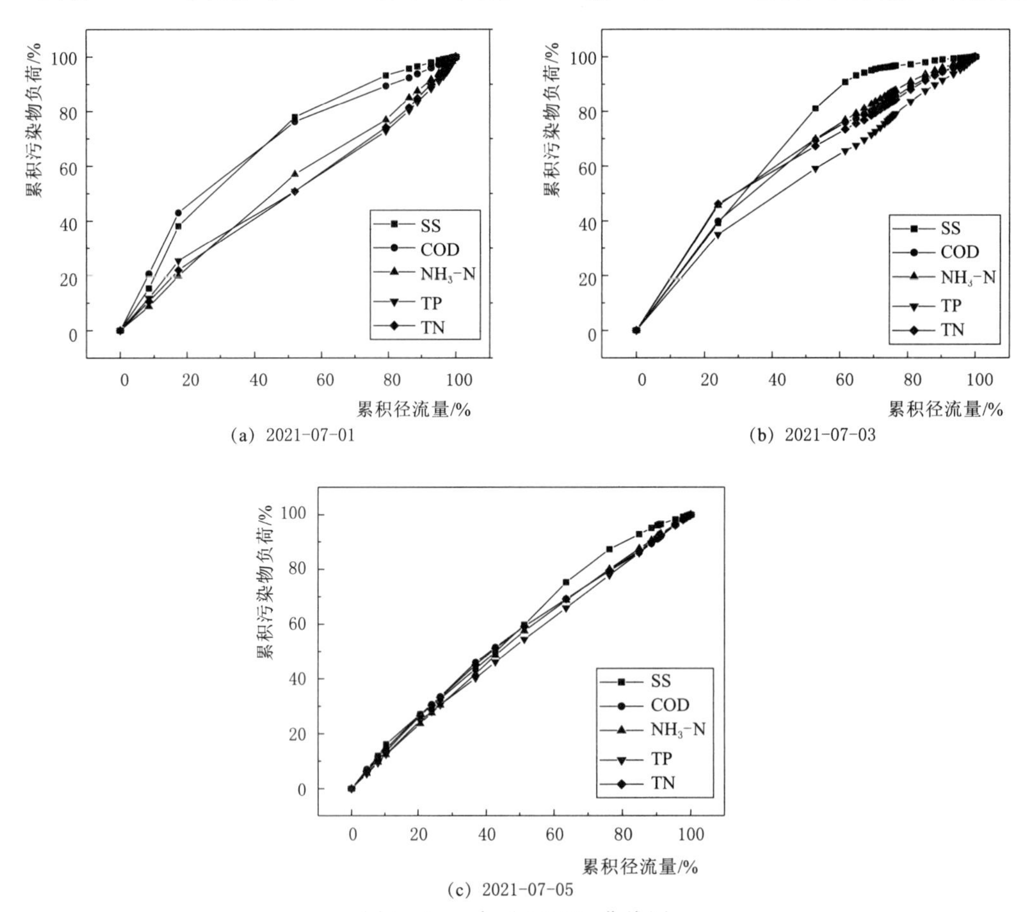

图6-10 大雨 $M(V)$ 曲线图

于中等和偏弱水平。比较场次大雨的 MMF_{30} 值可知，同一月份连续 3 场雨前干燥期相差不大的降雨，SS 和 COD 指标初期冲刷效应逐渐减弱（2021-07-01>2021-07-03>2021-07-05），由于降雨频繁、雨前干燥期短，下垫面污染物累积少，因此时间序列偏后的降雨场次初期冲刷效应相对较弱。对比场次大雨 5 种污染指标 MMF_{30} 平均值，初期冲刷效应强度依次为 COD>SS>TN>NH_3-N>TP。

表 6-7　　大雨 MMF_{30} 值

污染物指标	时　间	SS	COD	NH_3-N	TP	TN
MMF_{30}	2021-07-01	1.76（中等）	1.84（中等）	1.12（弱）	1.16（弱）	1.08（弱）
	2021-07-03	1.60（中等）	1.54（中等）	1.69（中等）	1.33（弱）	1.69（中等）
	2021-07-05	1.21（弱）	1.26（弱）	1.13（弱）	1.13（弱）	1.22（弱）
平均值		1.52	1.54	1.31	1.21	1.33

6.3.3 影响雨水径流污染的敏感性指标及其阈值

统计场次小雨污染物指标监测浓度范围，计算 EMC 浓度及超标倍数见表 6-8。降雨径流监测污染物浓度范围（浓度最小值～浓度最大值）SS 为 5.00～204.00mg/L，COD 为 19.00～196.00mg/L，NH_3-N 为 0.86～1.96mg/L，TP 为 0.18～0.60mg/L，TN 为 4.45～10.60mg/L。3 场降雨 SS 指标 EMC 浓度值均超出《污水综合排放标准》(GB 8978—1996) 城镇污水处理厂二级排放标准（30mg/L），说明就 SS 指标而言，小雨雨水径流污染程度超出一般的点源污染事件。COD、NH_3-N、TP、TN 指标均超出Ⅳ类水质标准，其中 TN 超标倍数相对较高。由此可见，在小雨径流污染中，SS 和 TN 为主要污染物。

表 6-8　　小雨监测浓度范围及 EMC 浓度值及超标倍数

雨型	EMC/(mg/L)					
	时间	SS	COD	NH_3-N	TP	TN
Ⅳ类水标准		—	30	1.5	0.3	1.5
小雨	2019-07-19	47.94 (—)	48.92 (1.63)	3.85 (2.57)	0.24 (0.79)	8.75 (5.83)
	2021-06-23	76.94 (—)	150.55 (5.02)	1.66 (1.11)	0.47 (1.56)	5.70 (3.80)
	2021-07-22	180.77 (—)	44.07 (1.47)	1.61 (1.07)	0.49 (1.65)	7.60 (5.07)
	监测浓度范围	5.00～204.00	19.00～196.00	0.86～1.96	0.18～0.60	4.45～10.60

注　“（）”内为相较于Ⅳ类水的污染倍数。

统计场次中雨污染物指标监测浓度范围，计算 EMC 浓度及超标倍数，见表 6-9。降雨径流监测污染物浓度范围 SS 为 6.00～141.00mg/L，COD 为 23.00～101.00mg/L，

NH_3-N为0.24～4.69mg/L，TP为0.08～0.37mg/L，TN为2.38～9.92mg/L。2021-07-29由于雨前干燥期较短，且2021年7月份降雨频率高，且多发持续性降雨，下垫面污染物累积较少，因此除TN外其他污染物指标均为超过Ⅳ类水质标准。2021-06-25和2021-08-16降雨，SS指标EMC浓度值均超出城镇污水处理厂二级排放标准，COD、NH_3-N、TP、TN指标均超出Ⅳ类水质标准，其中TN超标倍数相对较高。由此可见，在中雨径流污染中，SS和TN为主要污染物。

表6-9　　中雨监测浓度范围及EMC浓度值及超标倍数

雨型	EMC/(mg/L)					
	时间	SS	COD	NH_3-N	TP	TN
中雨	2021-06-25	42.48 (—)	56.66 (1.89)	3.60 (2.40)	0.12 (0.38)	7.61 (5.08)
	2021-07-29	8.61 (—)	24.78 (0.83)	0.49 (0.33)	0.23 (0.7)	3.13 (2.09)
	2021-08-16	109.92 (—)	76.26 (2.54)	2.10 (1.40)	0.32 (1.05)	5.73 (3.82)
	监测浓度范围	6.00～141.00	23.00～101.00	0.24～4.69	0.08～0.37	2.38～9.92

注　“()”内为相较于Ⅳ类水的污染倍数。

统计场次大雨污染物指标监测浓度范围，计算EMC浓度及超标倍数，见表6-10。降雨径流监测污染物浓度范围SS为5.00～448.00mg/L，COD为9.00～182.00mg/L，NH_3-N为0.50～4.42mg/L，TP为0.09～0.38mg/L，TN为1.62～8.87mg/L。场次大雨随着雨前干燥期的减少，污染物指标的EMC浓度逐渐降低，3场降雨中只有TN指标超过Ⅳ类水质标准，其他污染指标只有雨前干燥期较长的2021-07-01场降雨超过Ⅳ类水质标准。2021-07-01和2021-07-03降雨，SS指标EMC浓度值均超出城镇污水处理厂二级排放标准，2021-07-03由于在前两场降雨对下垫面冲刷比较完全，污染物累积较少，SS指标EMC浓度较低。由此可见，在大雨径流污染中，SS和TN为主要污染物。

表6-10　　大雨监测浓度范围及EMC浓度值及超标倍数

雨型	EMC/(mg/L)					
	时间	SS	COD	NH_3-N	TP	TN
大雨	2021-07-01	174.33 (—)	72.19 (2.41)	2.61 (1.74)	0.15 (0.50)	4.95 (3.30)
	2021-07-03	50.22 (—)	20.45 (0.68)	1.25 (0.83)	0.14 (0.48)	3.35 (2.23)
	2021-07-05	18.97 (—)	23.17 (0.77)	1.08 (0.72)	0.16 (0.53)	3.03 (2.02)
	监测浓度范围	5.00～448.00	9.00～182.00	0.50～4.42	0.09～0.38	1.62～8.87

注　“()”内为相较于Ⅳ类水的污染倍数。

比较小雨、中雨、大雨场次降雨径流平均浓度（EMC），明确不同雨型降雨径流污染特征，分流制雨水口不同降雨类型的 EMC 浓度如图 6-11 所示，对于 SS 指标，敏感性为小雨＞大雨＞中雨，对于 COD 和 NH_3-N 指标，敏感性为中雨＞小雨＞大雨，对于 TP 和 TN 指标，敏感性为小雨＞中雨＞大雨。整体来看，小雨和中雨的 EMC 浓度值比大雨高，主要是由于大雨降雨量大，降雨量超过一定值后对下垫面污染物的稀释、冲刷

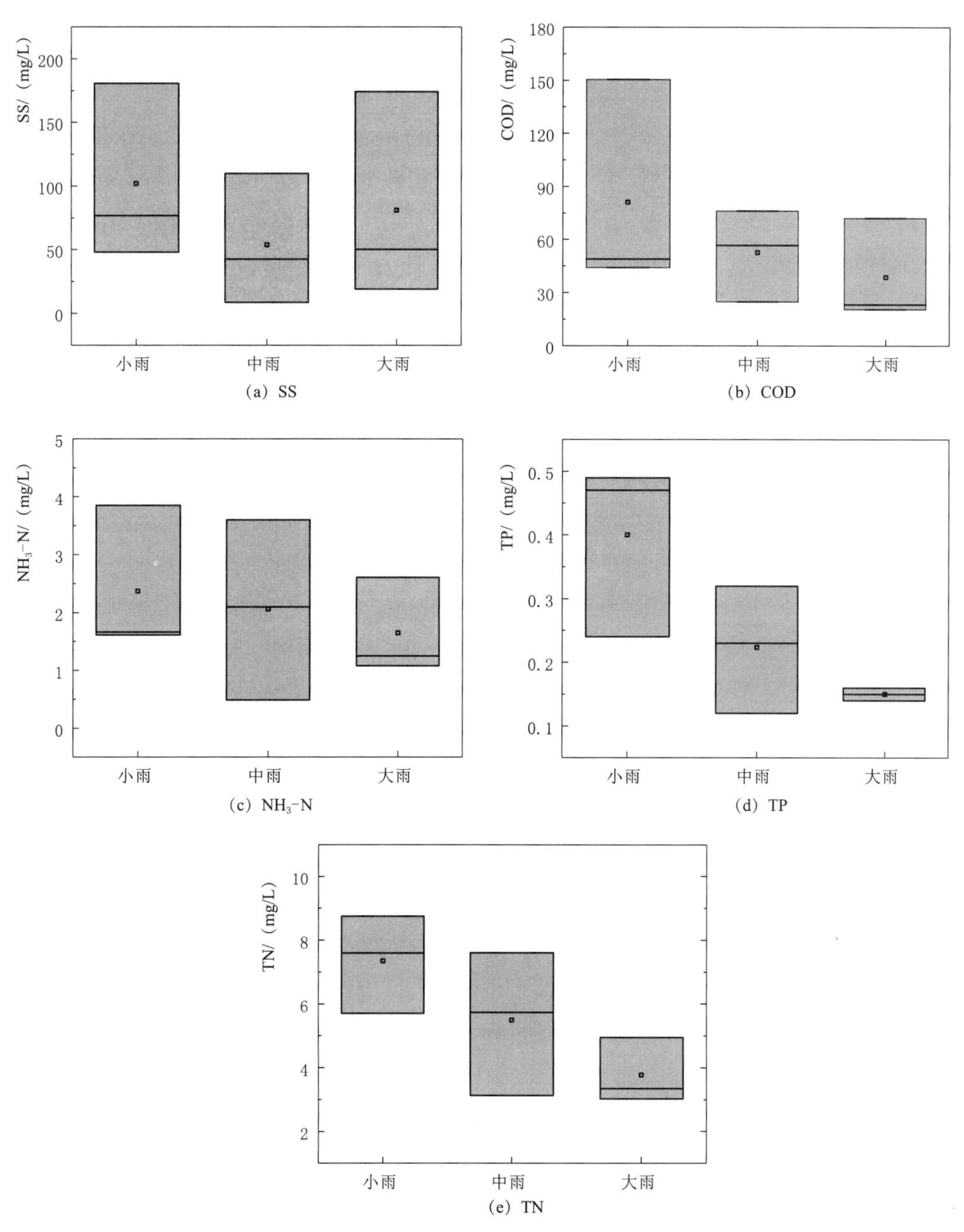

图 6-11　分流制雨水口不同降雨类型的 EMC 浓度

和溶解等作用增强，造成源头耗竭及污染物稀释效应，导致污染物浓度偏低。

6.4 合流制管网排口径流污染特征分析及影响因素识别

根据监测结果，在小雨条件下（降雨小于9.9mm），合流口小雨不溢流，因此对于合流口，仅分析中雨和大雨条件下的污染特征。

6.4.1 中雨条件下径流污染特征分析

当累积降雨量达到10mm左右时，排口开始溢流，溢流时间为1.5～2h，开始溢流时间晚于降雨时间约1h，溢流量为350～1200m^3。3场中雨的径流污染物瞬时浓度变化如图6-12所示，从污染指标浓度最大值来看，前4个水质样品污染物浓度值较高，所有污染指标在0～30min内达到最大值。溢流期间，所有指标浓度值均超过Ⅳ类水标准，污染程度较高。从浓度变化趋势来看，总体呈现先升高再降低趋势。

中雨 $M(V)$ 曲线如图6-13所示，中雨 MMF_{30} 值见表6-11，合流制排口场次中雨

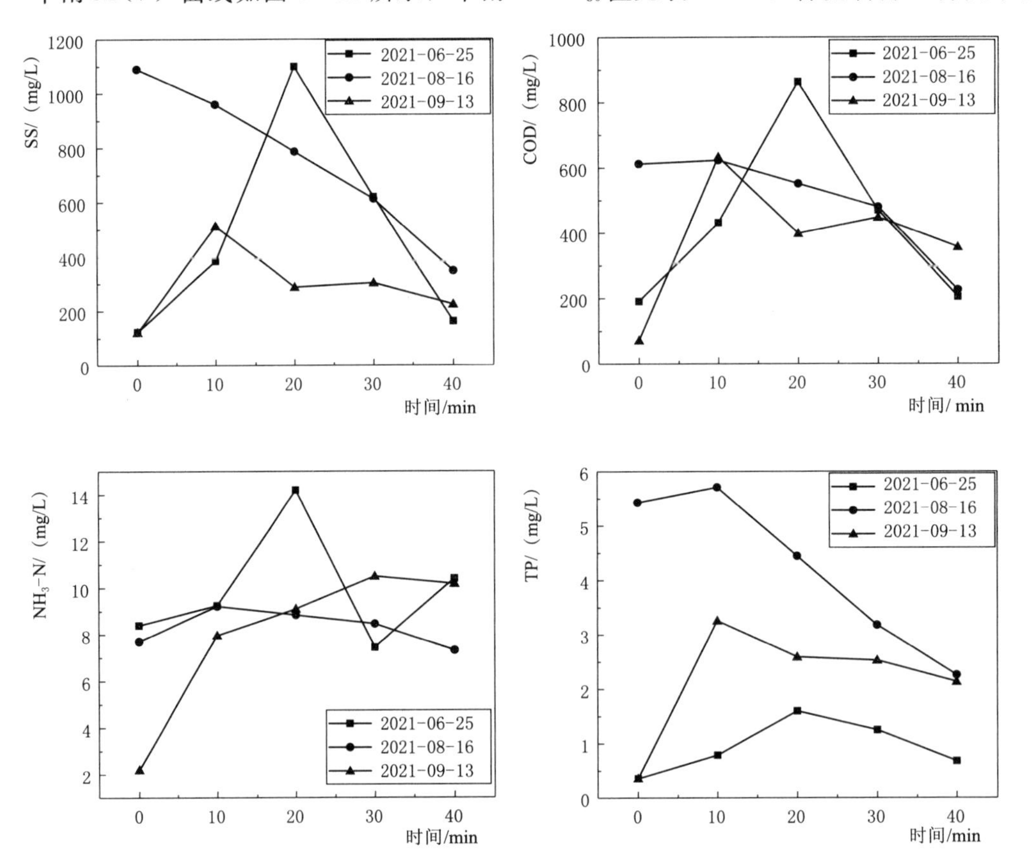

图6-12（一） 中雨降雨径流污染物瞬时浓度变化

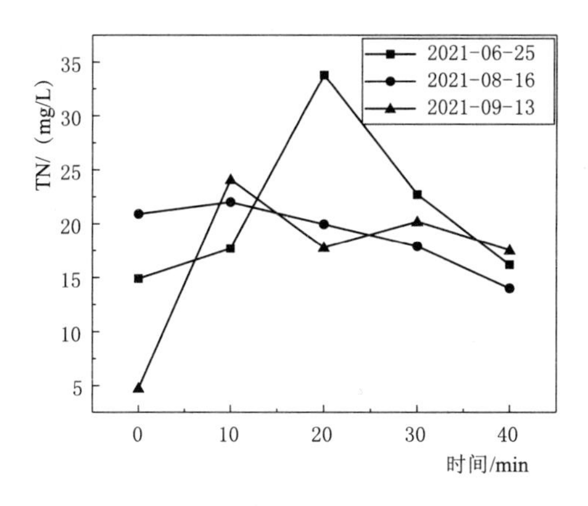

图 6-12（二） 中雨降雨径流污染物瞬时浓度变化

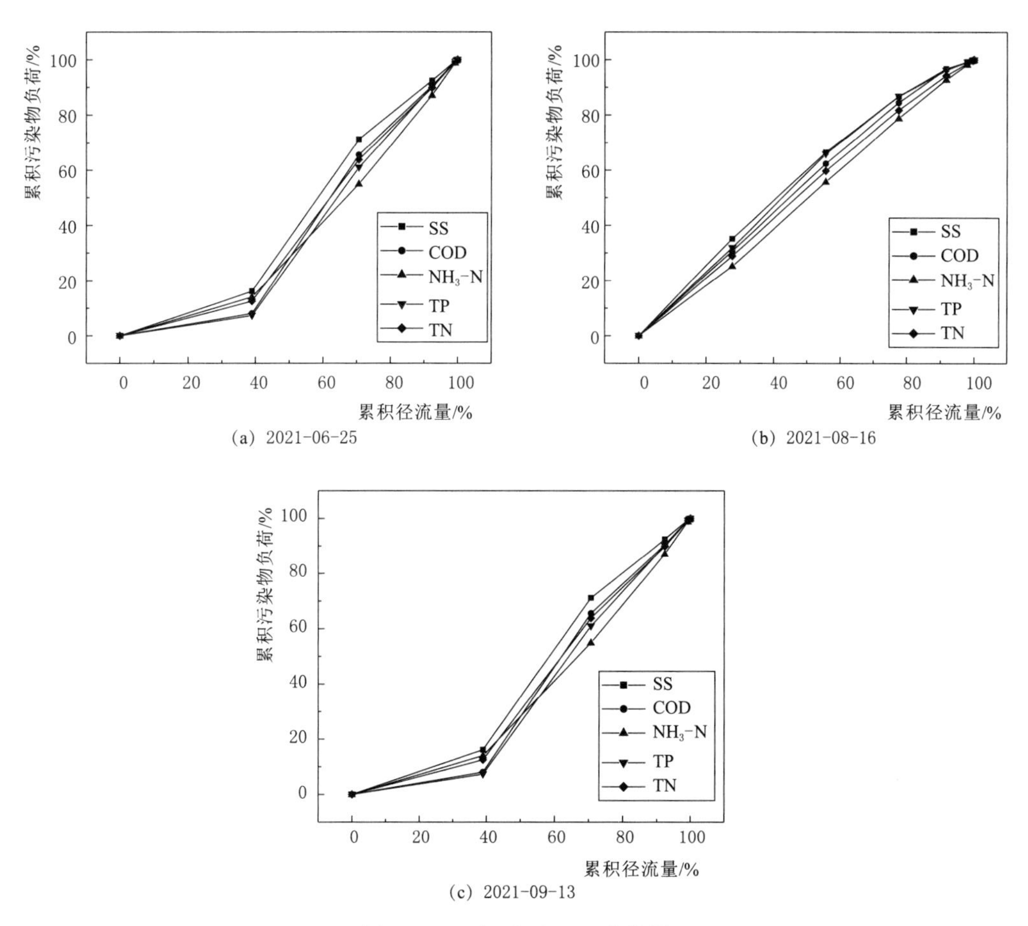

图 6-13 中雨 $M(V)$ 曲线图

普遍不存在初期冲刷效应或初期冲刷效应较弱，其中 2021-08-16 降雨时间为晚上 21：30—22：50，非用水高峰期，污水管道溢流污水较少，污染物主要来源为冲刷下垫面，存在初期冲刷效应，但初期冲刷效应很弱。

表 6-11　　　　中　雨　MMF_{30}　值

污染物指标	时　间	SS	COD	NH_3-N	TP	TN
MMF_{30}	2021-06-25	0.33（无）	0.50（无）	0.88（无）	0.50（无）	0.79（无）
	2021-08-16	1.26（弱）	1.11（弱）	0.93（无）	1.16（弱）	1.05（弱）
	2021-09-13	0.41（无）	0.21（无）	0.36（无）	0.19（无）	0.32（无）
平均值		0.56	0.61	0.72	0.62	0.72

6.4.2　大雨条件下径流污染特征分析

当累积降雨量达到10mm左右时，排口开始溢流，溢流时间为2～4h，开始溢流时间晚于降雨时间约50min，溢流量为3500～6500m³。3场大雨的径流污染物瞬时浓度变化如图6-14所示，从污染指标浓度最大值来看，前3个水质样品污染物浓度值较高，所有污染指标在0～20min内达到最大值。溢流期间，所有指标浓度值均超过Ⅳ类水标准，污染程度较高。从浓度变化趋势来看，污染物浓度趋势为先升高再降低。从降雨特征来看，由于降雨中后期降雨强度变大，COD和NH_3-N指标的浓度在降雨中后期出现二次峰值，

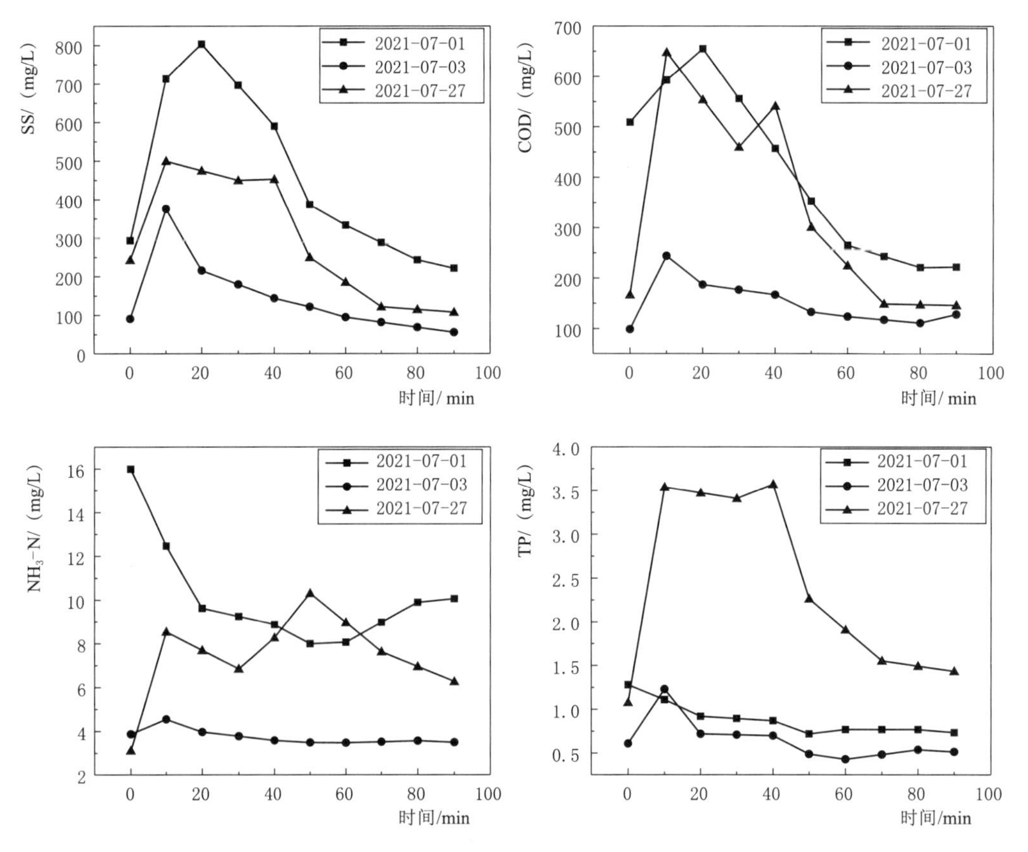

图6-14（一）　大雨降雨径流污染物瞬时浓度变化

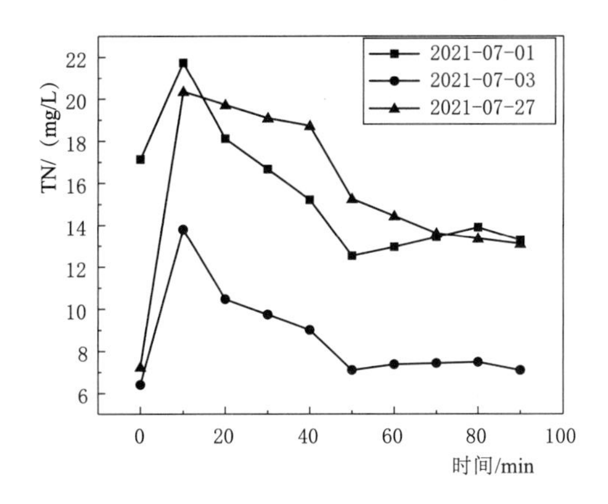

图 6-14（二） 大雨降雨径流污染物瞬时浓度变化

考虑冲刷管道中的污染物所致。

大雨 $M(V)$ 曲线如图 6-15 所示，大雨 MMF_{30} 值见表 6-12，合流制排口场次大雨初期冲刷效应分别包括无、弱、中等 3 个等级，但整体偏弱，合流制排口的初期冲刷效应

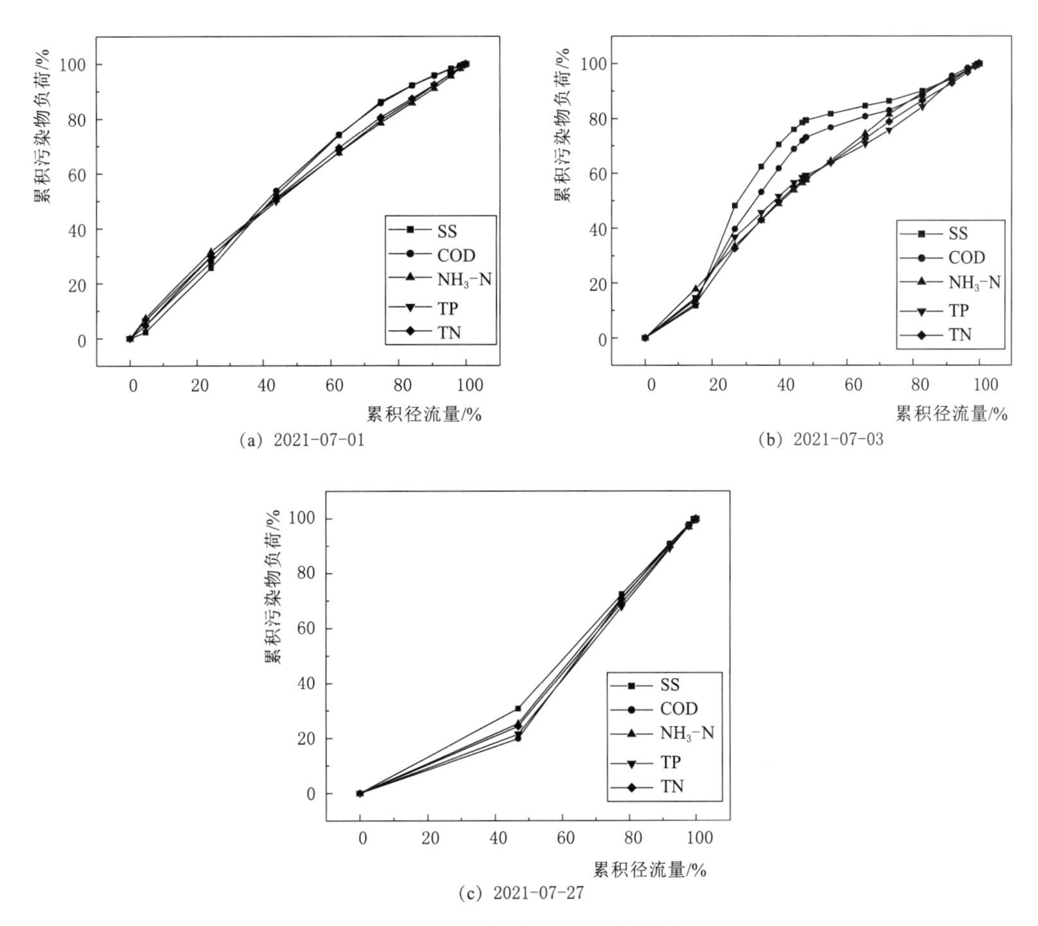

(a) 2021-07-01

(b) 2021-07-03

(c) 2021-07-27

图 6-15 大雨 $M(V)$ 曲线图

强度不稳定，除了受下垫面污染物的累积冲刷因素影响外，还受污水管道溢流因素影响。SS污染物初期冲刷效应强度相对较强，COD、NH_3-N、TP、TN指标则基本不存在初期冲刷效应。

表6-12　　大雨 MMF_{30} 值

污染物指标	时间	SS	COD	NH_3-N	TP	TN
MMF_{30}	2021-07-01	1.12（弱）	1.18（弱）	1.24（弱）	1.20（弱）	1.21（弱）
	2021-07-03	1.81（中等）	1.51（中等）	1.25（无）	1.35（弱）	1.24（弱）
	2021-07-27	0.66（无）	0.42（无）	0.54（无）	0.46（无）	0.52（无）
平均值		1.20	1.04	1.01	1.00	0.99

6.4.3　影响合流制分区径流污染的敏感性指标及其阈值

统计场次中雨污染物指标监测浓度范围，计算EMC浓度及超标倍数见表6-13。降雨径流监测污染物浓度范围SS为122.00～1100.00mg/L，COD为72.00～864.00mg/L，NH_3-N为2.21～14.20mg/L，TP为4.77～33.80mg/L，TN为2.38～9.92mg/L。合流口污染物指标EMC浓度均超过Ⅳ类水质标准，超标倍数相对较高（3～18倍），SS指标EMC浓度值均超出城镇污水处理厂二级排放标准。由此可见，对于合流口，在中雨径流污染中污染物指标均应重点关注。

表6-13　　中雨监测浓度范围及EMC浓度值及超标倍数

雨型	EMC/(mg/L)					
	时间	SS	COD	NH_3-N	TP	TN
中雨	2021-06-25	374.00 (—)	381.94 (12.73)	9.54 (6.36)	0.72 (2.40)	18.95 (12.63)
	2021-08-16	856.76 (—)	550.64 (18.35)	8.45 (5.63)	4.70 (15.67)	19.97 (13.32)
	2021-09-13	294.61 (—)	348.39 (11.61)	6.16 (4.11)	1.92 (6.41)	14.87 (9.91)
	监测浓度范围	122.00～1100.00	72.00～864.00	2.21～14.20	4.77～33.80	2.38～9.92

注　“（）”内为相较于Ⅳ类水的污染倍数。

统计场次大雨污染物指标监测浓度范围，计算EMC浓度及超标倍数（表6-14）。降雨径流监测污染物浓度范围SS为15.00～803.33mg/L，COD为22.00～655.00mg/L，NH_3-N为2.01～16.00mg/L，TP为0.34～3.57mg/L，TN为4.74～21.74mg/L。污染物指标的EMC浓度均超过Ⅳ类水质标准，超标倍数为2～17倍，SS指标EMC浓度值均超出城镇污水处理厂二级排放标准。

表 6-14　　大雨监测浓度范围及 EMC 浓度值及超标倍数

雨型	EMC/(mg/L)					
	时间	SS	COD	NH_3-N	TP	TN
大雨	2021-07-01	595.64 (—)	500.05 (16.67)	10.05 (6.70)	0.92 (3.07)	16.87 (11.24)
	2021-07-03	118.33 (—)	108.47 (3.63)	3.31 (2.20)	0.64 (2.12)	7.84 (5.23)
	2021-07-27	370.54 (—)	394.13 (13.14)	5.78 (3.85)	2.36 (7.87)	13.99 (9.33)
	监测浓度范围	15.00～803.33	22.00～655.00	2.01～16.00	0.34～3.57	4.74～21.74

注　“()”内为相较于Ⅳ类水的污染倍数。

比较中雨、大雨场次降雨径流平均浓度（EMC），明确不同雨型降雨径流污染特征，合流制排口不同降雨类型的 EMC 浓度如图 6-16 所示，对于 SS 指标，敏感性为中雨>大雨，对于 COD 指标，敏感性为大雨>中雨，对于 NH_3-N 指标，敏感性为中雨>大雨，对于 TP 和 TN 指标，敏感性为中雨>大雨。整体来看，中雨的 EMC 浓度值

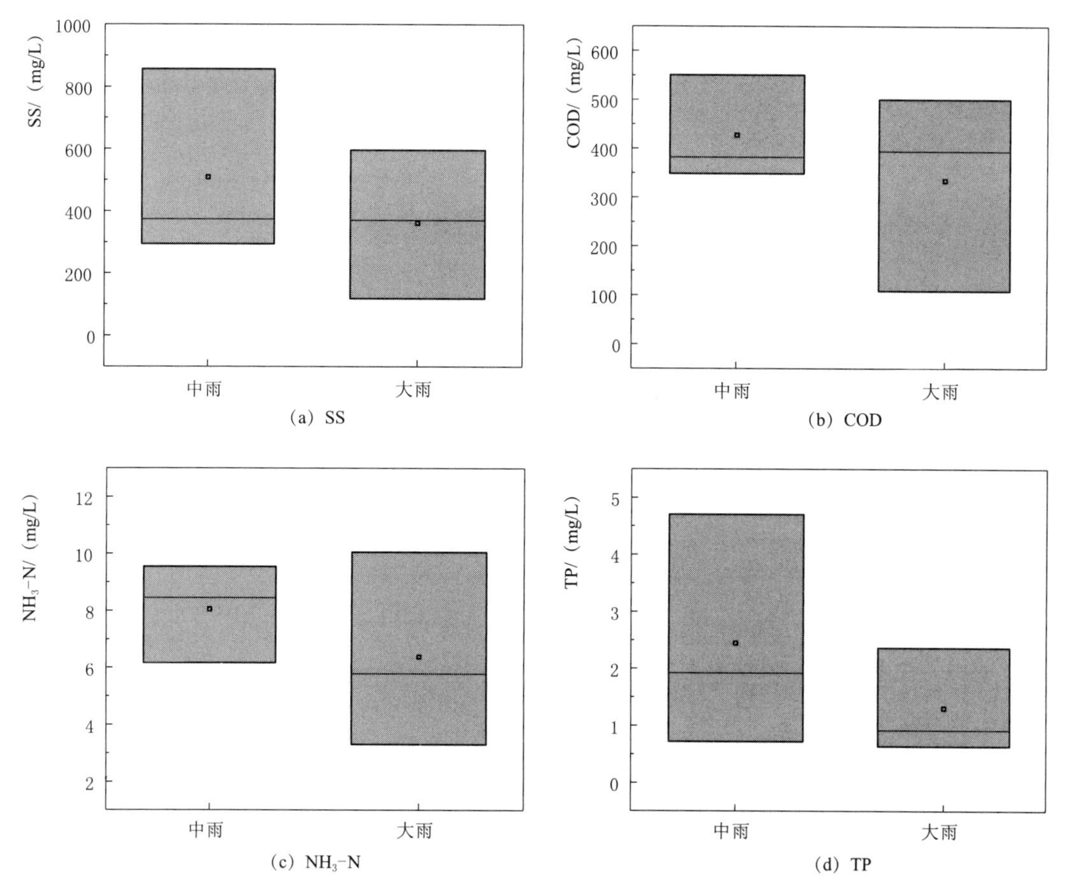

图 6-16（一）　合流制排口不同降雨类型的 EMC 浓度

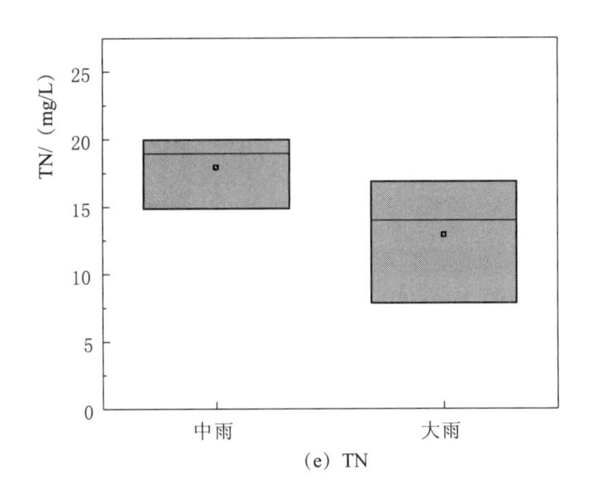

图 6-16（二） 合流制排口不同降雨类型的 EMC 浓度

比大雨高，主要是由于大雨降雨量大，降雨量对污染物稀释效应占主导地位，导致污染物浓度偏低比，但波动范围相对较大。

6.5 模型选择及构建

6.5.1 基础数据处理

研究区水质水量模型构建所需的基础资料主要包括基础地理信息、排水设施信息、水文气象信息和排口流量水质监测信息。地形、城市排水管网、河道等数据通过采购获得，并通过实地勘测和调研等方式对基础数据进行校准和完善。排口流量信息通过实际监测获得。数据资料及来源见表 6-15。

表 6-15　　数据资料及来源

分类名称	数据时效性	数据内容	数据精度
基础地理信息	2010	全市地类斑块	1∶10000 矢量数据
	2011	基础地形	1∶2000 栅格数据
	2017	DEM 数据	30m 分辨率栅格数据
	2017	航空影像图	0.5m 分辨率栅格数据
排水设施信息	2018	排水管线	矢量数据，482km
	2018	节点	矢量数据，14545 个
	2018	排口	矢量数据，51 个
	2018	雨水泵站	数据资料，14 个
水文气象数据/排口流量实测数据	2020-08-12	降雨过程	2020-08-12 场次，步长 1min
	2020-08-09	降雨过程	2020-08-09 场次，步长 1min

续表

分类名称	数据时效性	数据内容	数据精度
水文气象数据/排口流量实测数据	2020-08-12	实测流量数据	场次降雨A、B排口流量过程，数据记录步长为10min
	2020-08-09		
	2020-08-12	实测水质数据	场次降雨A、B排口流量过程，数据记录步长见实验方案
	2020-08-23		
历史洪涝资料	2016-07-20	河道入流流量过程	2016-7-20，南护与北护河道入流流量过程，数据记录步长为1h

6.5.2 模型参数设定及率定

6.5.2.1 参数设置

模型在子集水区基础上依据不同产流表面类型采用降雨径流模型计算产流量，每个子集水区中对不同下垫面的产流量进行加和，得到总径流量，再通过汇流模型计算，得到每个子汇水区对应节点的入流过程。参考相关文献、模型用户手册和实地监测数据选择研究区域的管网模型参数。产流模型中对于不透水下垫面“屋顶”和“道路”，采用固定径流系数法；对于透水下垫面“绿地”和“其他”，采用Horton公式进行降雨的入渗过程计算，汇流计算采用非线性水库模型，依据《城镇雨水系统规划设计暴雨径流计算标准》(DB11/T 969—2017）中各种参数的取值范围及推荐值以及研究区实际情况和实验监测数据拟定模型最初的参数，采用实测场次降雨-流量数据率定参数，产汇流模型最终参数见表6-16。

表6-16　　产汇流模型最终参数表

集水区	产流表面	径流量计算方法	固定径流系数	初损值/m	初渗率/(mm/h)	稳渗率/(mm/h)	衰减率/(1/h)
其他	屋顶	Fixed	0.75	0.002	—	—	—
	道路	Fixed	0.8	0.009	—	—	—
	绿地	Horton	0.4	0.015	200	12.7	2
	其他	Horton	0.4	0.008	125	6.3	2
	水域	Fixed	0	0	—	—	—

6.5.2.2 地表污染物编辑器及污水曲线设置

在InfoWorks ICM软件中通过地表污染物编辑器设置地表污染物累积、冲刷等水质模拟参数，模拟地表污染物的累积、冲刷过程。地表污染物编辑器参数设置如图6-17所示。

6.5.2.3 模型率定

(1）水量。选取2020年8月9日场次降雨对率定后的降雨产汇流模型进行率定，如图6-18所示。经计算，本场次降雨的纳什系数和相关系数见表6-17，拟合效果较好，满足模型使用要求。

Surface Pollutant Editor - 1d (方案 111)

	Identi- fier	Fraction name	Sediment diameter	Spec. gravity		
Title	Default was					
BuildupPar	BuildupPar	0.080				
ErosionPar	ErosionPar	100000000	2.022	29.000		
PollRec	Pollutants	bod	cod	tkn	nh4	
PFEqnRec	PFEqn	bod_std	0.280	0.000	-0.572	0.000
PFEqnRec	PFEqn	cod_std	1.470	0.000	-0.419	0.000
PFEqnRec	PFEqn	tkn_std	0.070	0.800	-0.600	0.001
PFEqnRec	PFEqn	bod_mixed	0.170	0.900	-0.700	0.050
PFEqnRec	PFEqn	cod_mixed	0.930	0.500	-0.700	0.440
PFEqnRec	PFEqn	zero	0.000	0.000	0.000	0.000
PFGrpRec	PFEqnGrp	standard	bod_std	cod_std	tkn_std	zero
PFGrpRec	PFEqnGrp	mixed	bod_mixed	cod_mixed	tkn_std	zero
GPEqnRec	GPEqn	bod_a	6.300	2.800		
GPEqnRec	GPEqn	bod_b	15.300	1.300		
GPEqnRec	GPEqn	bod_c	77.900	0.800		
GPEqnRec	GPEqn	cod_a	67.300	10.800		
GPEqnRec	GPEqn	cod_b	118.300	18.800		
GPEqnRec	GPEqn	cod_c	274.600	19.500		
GPEqnRec	GPEqn	nh4_std	0.300	0.100		
GPEqnRec	GPEqn	zero	0.000	0.000		
GPGrpRec	GPEqnGrp	a	bod_a	cod_a	zero	nh4_std
GPGrpRec	GPEqnGrp	b	bod_b	cod_b	zero	nh4_std
GPGrpRec	GPEqnGrp	c	bod_c	cod_c	zero	nh4_std
Surface df	Surface	1	20.000	standard	a	0.000500
Sediment	Sediment	sf1	0.040	1.700		
Sediment	Sediment	sf2	0.040	1.700		

图 6-17　地表污染物编辑器参数

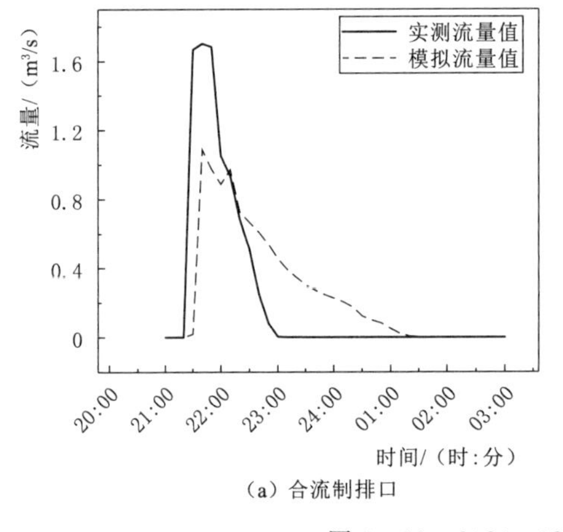

(a) 合流制排口

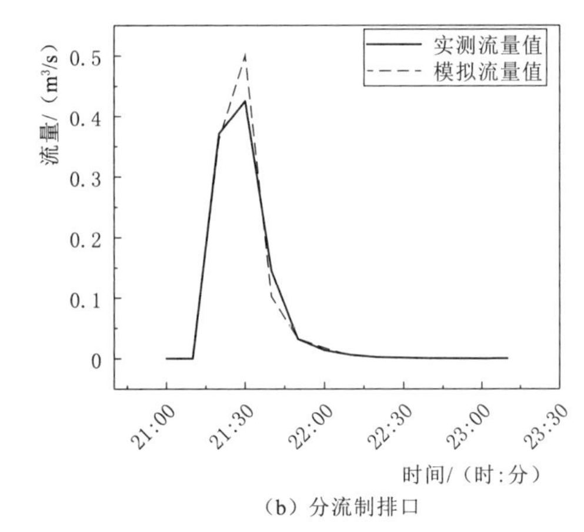

(b) 分流制排口

图 6-18　2020-08-09 场降雨模型验证

（2）水质。选择 2020 年 8 月 23 日场次降雨对北护城河 025 雨水排口和 024 合流排口的水质（SS）监测数据进行参数率定，如图 6-19 所示。经计算，本场次降雨调参后的纳什系数和相关系数见表 6-18。

表 6-17　2020-08-09 场降雨纳什系数和相关系数

排口	024	025
纳什系数	0.73	0.93
相关系数	0.94	0.99

表 6-18　2020-08-23 场降雨纳什系数和相关系数

排口	024	025
纳什系数	0.83	0.61
相关系数	0.87	0.93

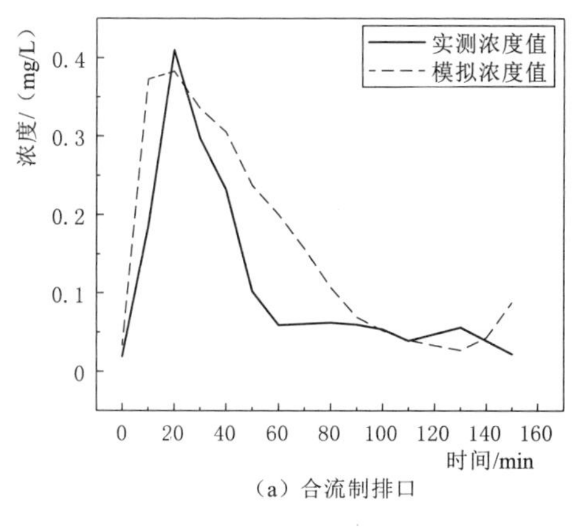

(a) 合流制排口

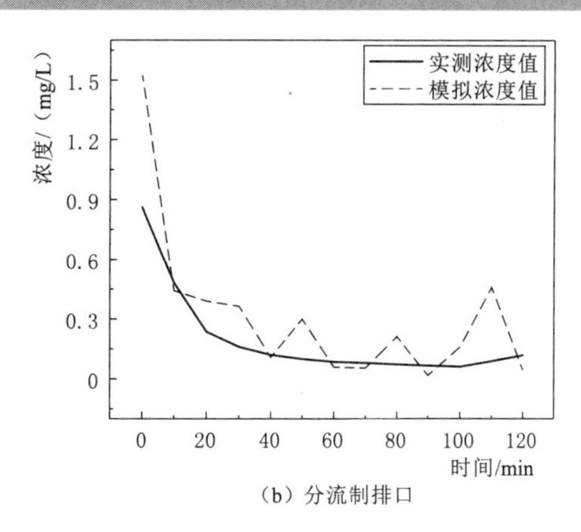

(b) 分流制排口

图 6-19　2020-08-23 场降雨模型率定

6.5.2.4 模型验证

（1）水量。选择 2020 年 8 月 12 日场次降雨对北护城河 025 雨水排口和 024 合流排口的流量监测数据进行参数验证，如图 6-20 所示。经计算，本场次降雨调参后的纳什系数和相关系数见表 6-19。

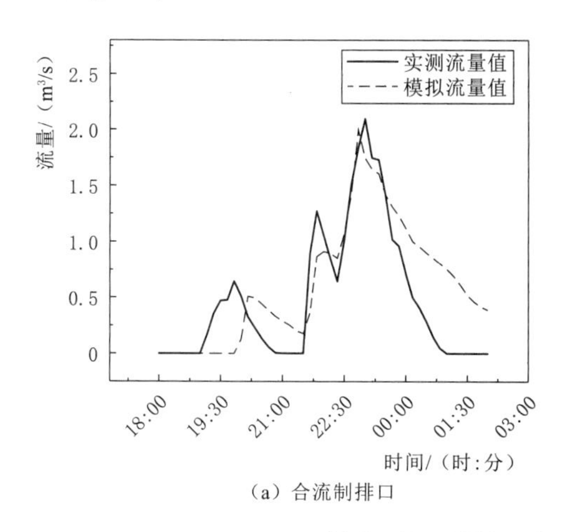

(a) 合流制排口

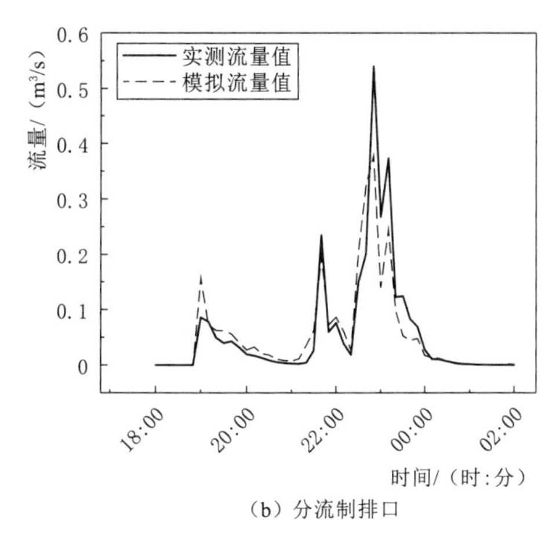

(b) 分流制排口

图 6-20　2020-08-12 场降雨模型验证

（2）水质。选择 2020 年 8 月 12 日场次降雨对北护城河 025 雨水排口和 024 合流排口的水质监测数据进行参数验证，如图 6-21 所示。经计算，本场次降雨调参后的纳什系数和相关系数见表 6-20。

表 6-19　2020-08-12 场降雨纳什系数和相关系数

排口	024	025
纳什系数	0.63	0.87
相关系数	0.87	0.93

表 6-20　2020-08-12 场降雨纳什系数和相关系数

排口	024	025
纳什系数	0.72	0.80
相关系数	0.88	0.89

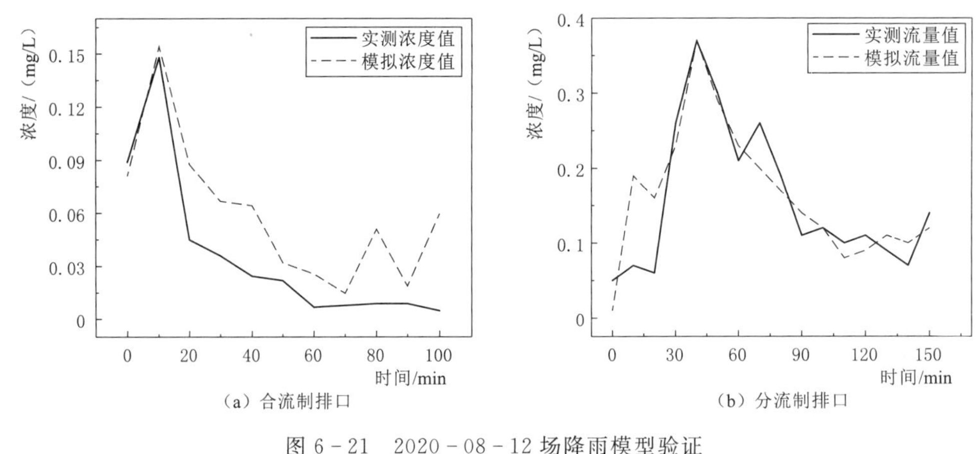

（a）合流制排口　　（b）分流制排口

图6-21　2020-08-12场降雨模型验证

6.6 不同排水体制下各类污染源负荷占比分析

利用构建的数值模型分别针对中雨、大雨、暴雨3种雨型进行了模拟。降雨数据采用2020—2021年实测9场降雨数据，时间步长为1min，实验方案为加污水和不加污水两种，分别对合流制排口、分流制雨水口进行了模拟。根据模型模拟结果计算了生活污水污染负荷对合流制系统污染负荷（SS）的贡献率和下垫面污染负荷（SS）对分流制系统污染负荷的贡献率。

6.6.1 生活污水污染负荷对合流制系统污染负荷的贡献率

生活污水污染负荷对合流制系统污染负荷的贡献率见表6-21。根据计算结果，生活污水污染负荷对合流制系统污染负荷的贡献率分别为：中雨80.00%左右，大雨15.00%左右，暴雨20.00%左右，平均贡献率中雨>暴雨>大雨。其中中雨的生活污水污染负荷对合流制系统污染负荷的贡献率远高于大雨和暴雨，由于中雨降雨降雨强度较小，降雨前期，携带大量下垫面污染物的初期降雨径流被截流至污水处理厂，合流制排口未溢流，当降雨量增加，降雨径流流量超过排水管网最大负荷后，合流制排口开始溢流，此时降雨径流中携带的下垫面污染物极少，其大部分污染物来源为生活污水，所以中雨的贡献率相较于大雨和暴雨较高。中雨和暴雨降雨强度大，对下垫面冲刷作用强，降雨径流携带污染物多，且溢流时间比中雨早，因此生活污水污染负荷对合流制系统污染负荷的贡献率较低。中雨、大雨、暴雨的贡献率值整体波动较大，主要受降雨时间和人类活动用水时间的影响，当降雨时间和人类活动产生污水时间重合时，贡献率向上波动，反之，则向下波动。

表 6-21　　生活污水污染负荷对合流制系统污染负荷的贡献率

降雨类型	降雨场次	溢流污染负荷/kg	生活污水污染负荷/kg	贡献率/%
中雨	2021-07-29	544.73	466.26	85.59
	2021-08-16	33.95	33.58	98.91
	2021-09-13	1066.14	1045.86	98.10
大雨	2021-07-03	3929.63	674.32	17.16
	2021-07-05	3858.66	354.81	9.20
	2021-07-27	4509.28	585.27	12.98
暴雨	2020-08-12	4964.70	529.84	10.67
	2020-08-23	5157.69	344.20	6.67
	2021-07-19	2874.89	915.49	31.84

6.6.2 下垫面污染负荷对分流制系统污染负荷的贡献率

下垫面污染负荷对分流制系统污染负荷的贡献率见表 6-22。根据计算结果，下垫面污染负荷对分流制系统污染负荷的贡献率分别为：中雨 30.00%左右，大雨 80.00%左右，暴雨 90.00%左右，平均贡献率大雨>暴雨>中雨。其中中雨下垫面污染负荷对分流制系统污染负荷的贡献率远低于大雨和暴雨，下垫面污染负荷对分流制系统污染负荷的贡献率受降雨特征影响，对于降雨量大的大雨和暴雨，降雨径流携带污染物多，贡献率高，对于降雨量小的中雨，降雨径流携带的污染物少，贡献率低。

表 6-22　　下垫面污染负荷对分流制系统污染负荷的贡献率

降雨类型	降雨场次	下垫面污染物负荷/kg	冲刷的污染物负荷/kg	贡献率/%
中雨	2021-07-29	133.55	26.28	20.08
	2021-08-16	20.26	1.64	8.10
	2021-09-13	137.52	47.79	34.75
大雨	2021-07-03	150.19	132.52	88.23
	2021-07-05	140.43	131.96	93.97
	2021-07-27	139.19	135.88	97.65
暴雨	2020-08-12	139.74	132.82	95.05
	2020-08-23	141.81	132.64	93.53
	2021-07-19	150.32	131.08	87.20

6.6.3 相关性分析

为了进一步分析生活污水污染负荷对合流制系统污染负荷的贡献率和下垫面污染负荷对分流制系统污染负荷的贡献率的影响因素，分别对生活污水污染负荷对合流制系统污染负荷的贡献率和下垫面污染负荷对分流制系统污染负荷的贡献率与降雨历时、最大雨强、降雨量、雨前干燥期等降雨特征进行相关性分析，分析降雨特征对生活污水污染负荷对合流制系统污染负荷的贡献率和下垫面污染负荷对分流制系统污染负荷的贡献率的影响（表6－23）。

表6－23　贡献率与降雨特征相关性

降雨特征	中雨		大雨		暴雨	
	污水贡献率	下垫面污染物贡献率	污水贡献率	下垫面污染物贡献率	污水贡献率	下垫面污染物贡献率
降雨历时	－0.984	－0.18	－0.063	0.817	－0.869	0.983
最大雨强	0.964	0.268	0.926	－0.288	0.405	－0.085
降雨量	－1.000	－0.006	1.000	－0.622	－0.148	0.462
雨前干燥期	0.999	0.058	－0.029	0.797	0.886	－0.989

中雨中，生活污水污染负荷对合流制系统污染负荷的贡献率的影响因素为最大雨强和雨前干燥期；大雨中，生活污水污染负荷对合流制系统污染负荷的贡献率影响因素为最大雨强和降雨量，下垫面污染负荷对分流制系统污染负荷的贡献率的影响因素为降雨历时和雨前干燥期；暴雨中，生活污水污染负荷对合流制系统污染负荷的贡献率影响因素为雨前干燥期，下垫面污染负荷对分流制系统污染负荷的贡献率的影响因素为降雨历时和雨前干燥期。

6.7　降雨径流污染控制方案

参考《北京市东城区海绵城市专项规划》，以北京市东城区海绵城市专项规划中年径流污染削减率30%为标准，计算降雨场次的径流累积量、累积降雨量，以及污染削减率达标时，需控制的径流体积。

当径流污染物负荷累积值达到30%时，分流制管网小雨和中雨的径流量累积量为总径流量的30%左右，大雨为25%左右，小雨和中雨需截留的径流量比例高于大雨；合流制管网当径流污染物负荷累积值达到30%时，中雨的径流量累积量为总径流量的40%左右，大雨为35%左右，中雨需截留的径流量比例高于大雨。对于高度城市化服务面积为10hm²左右的分流制区域和75hm²左右的合流制区域、下垫面不透水面积比例约为60%的老城区，且下垫面中绿地、建筑、道路所占比例约为35%、30%、35%，可根据不同的降雨类型制定以下管控方案。

（1）源头管控方案。源头控制主要考虑海绵设施，东城区海绵城市设施设计分为胡同地区、政府机关地区、学校地区、公园地区、建筑小区5类。可针对不同地区特点建造相应的海绵设施，例如，胡同地区可建设檐沟、集雨樽、下凹式绿地、透水铺装等海绵设施；政府机关地区可进行屋顶和路面海绵改造；学校地区可进行路面、绿地、操场海绵改造；公园地区可建设下凹式绿地、嵌草砖、生态树坑等海绵设施；建筑小区结合小区的特点，采用简便易行、便于使用的集雨樽等设施。当只采取源头控制方案时，对于雨水口，小雨、中雨和大雨，源头控制设施分别需要控制 5mm、8mm、23mm 的降雨量；对于合流口，中雨和大雨，源头控制设施分别需要控制 14mm、23mm 的降雨量。

（2）末端管控方案。末端控制可考虑修建调蓄池。在雨水排口上游设置截流设施，修建调蓄池，对于雨水口，小雨、中雨和大雨，分别截取降雨初期 $25m^3$、$35m^3$、$150m^3$ 的径流量，对于合流口，中雨和大雨，分别截取降雨初期 $305m^3$、$1650m^3$ 的径流量，将截取的初期雨水送至污水处理厂，经处理后再排放入受纳水体。

另外，老城区可根据自身地理位置、气候条件、径流污染程度，不同雨型的降雨频次和经济情况等因素，综合选择源头和末端控制方案。分流制排口 30%累积污染物浓度负荷对应的流量累积值见表 6-24。

表 6-24　　分流制排口 30%累积污染物浓度负荷对应的流量累积值

雨型	降雨场次	SS/%	COD/%	NH_3-N/%	TP/%	TN/%	总溢流量/m^3	截流体积/m^3	累积降雨量/mm
小雨	2019-07-19	31.02	26.38	31.69	30.93	32.09	72.75	23.35	3.2
	2021-06-23	18.43	22.82	25.16	23.17	26.69	30.14	8.04	6.8
	2021-07-22	26.58	30.75	30.05	26.95	26.94	113.89	35.02	4.4
平均值		25.35	26.65	28.97	27.01	28.57	72.26	22.14	4.8
中雨	2021-06-25	19.69	27.27	23.12	20.46	23.20	178.95	48.80	8.6
	2021-07-29	25.99	30.97	44.91	30.25	25.16	48.12	21.61	5.8
	2021-08-16	23.39	22.65	27.70	25.60	26.97	115.43	31.98	9.4
平均值		23.02	26.96	31.91	25.44	25.11	114.17	34.13	7.93
大雨	2021-07-01	17.52	12.13	26.74	23.55	26.97	505.49	136.33	31.4
	2021-07-03	18.37	18.05	15.78	20.55	15.58	759.47	156.08	16.4
	2021-07-05	23.90	23.94	26.07	23.92	23.98	406.38	105.94	21
平均值		19.93	18.04	22.86	22.67	22.18	557.11	132.78	22.93

表 6-25　　合流制排口 30%累积污染物浓度负荷对应的流量累积值

雨型	降雨场次	SS/%	COD/%	NH_3-N/%	TP/%	TN/%	总溢流量/m^3	截流体积/m^3	累积降雨量/mm
中雨	2021-06-25	62.04	53.57	34.08	53.68	38.15	368.26	228.47	17.00
	2021-08-16	25.97	26.99	32.04	25.97	28.62	1181.33	378.50	12.00
	2021-09-13	38.97	39.62	35.06	35.83	38.06	763.77	302.61	13.00
平均值		42.33	40.06	33.73	38.49	34.94	771.12	303.19	14.00

续表

雨型	降雨场次	SS/%	COD/%	NH_3-N/%	TP/%	TN/%	总溢流量/m^3	截流体积/m^3	累积降雨量/mm
大雨	2021-07-01	27.40	25.79	22.85	24.20	24.24	5374.78	1472.69	38.00
	2021-07-03	20.95	22.36	24.08	23.18	25.18	6358.07	1600.96	7.40
	2021-07-27	46.86	53.03	50.04	52.58	50.79	3454.87	1832.19	23.40
平均值		31.74	33.73	32.32	33.32	33.40	5062.57	1635.28	22.93

6.8 小结

本章以北京市东城区为研究对象，在北护城河合流制排口和分流制排口进行了为期两年的水质-水量联合监测，对老城区典型排口场次降雨径流污染特征进行了识别，制定了老城区降雨径流污染管控方案。通过 InfoWorks ICM 软件构建了东城区水量-水质数值模型，分别模拟了中雨、大雨、暴雨条件下排口的流量和水质情况，根据模型模拟结果计算了生活污水污染负荷对合流制系统污染负荷（SS）的贡献率和下垫面污染负荷（SS）对分流制系统污染负荷的贡献率。本研究能够为老城区降雨径流污染提供科学的管控方案，并为实验监测和监测点位布设提供科学依据。根据试验数据和研究结果，主要得出了以下结论。

1. 典型排口场次雨水径流污染规律

（1）雨水口在小雨条件下，当累积降雨量达到 3.6mm 左右时，排口开始出流，出流时间持续 1h 左右，出流量在 40～110m^3之间。前 3 个水质样品（出流发生后 15min 内）污染物浓度值较高，所有污染指标在 0～30min 内达到最大值。中雨条件下，当累积降雨量达到 4mm 左右时，排口开始出流，出流持续时间在 1.5～6h 之间，出流量在 50～200m^3之间。前 4 个水质样品（出流发生后 20min 内）污染物浓度值较高。大雨条件下，当累积降雨量达到 4mm 左右时，排口开始出流，出流持续时间在 3.5～7h 之间，出流量在 400～750m^3之间。一般出流后前 15min 水质污染物浓度值较高。从降雨特征来看，降雨量量级相差不大时，雨前干燥期越长，污染指标浓度越高。综上，对雨水口而言，一般在出流 15～20min 内水质浓度较差。

（2）合流口在中雨条件下，当累积降雨量达到 10mm 左右时，排口开始溢流，溢流时间在 1.5～2h 之间，开始溢流时间晚于降雨时间约 1h，溢流量在 350～1200m^3之间。前 4 个水质样品（溢流发生后 20min 内）污染物浓度值较高，在 30min 内会达到最大值。在大雨条件下，当累积降雨量达到 10mm 左右时，排口开始溢流，溢流持续时间在 2～4h 之间，溢流量在 3500～6500m^3之间。前 3 个水质样品（溢流发生后 15min 内）污染物浓度值较高。溢流期间，所有指标浓度值均超过Ⅳ类水标准，污染程度较高。

(3) 雨水口小雨降雨径流监测污染物浓度范围(浓度最小值～浓度最大值)SS 为 5.00～204.00mg/L,COD 为 19.00～196.00mg/L,NH_3-N 为 0.86～1.96mg/L,TP 为 0.18～0.60mg/L,TN 为 4.45～10.60mg/L。中雨降雨径流监测污染物浓度范围 SS 为 6.00～141.00mg/L,COD 为 23.00～101.00mg/L,NH_3-N 为 0.24～4.69mg/L,TP 为 0.08～0.37mg/L,TN 为 2.38～9.92mg/L。大雨降雨径流监测污染物浓度范围 SS 为 5.00～448.00mg/L,COD 为 9.00～182.00mg/L,NH_3-N 为 0.50～4.42mg/L,TP 为 0.09～0.38mg/L,TN 为 1.62～8.87mg/L。SS 和 TN 为主要污染物。合流口中雨降雨径流监测污染物浓度范围 SS 为 122.00～1100.00mg/L,COD 为 72.00～864.00mg/L,NH_3-N 为 2.21～14.20mg/L,TP 为 4.77～33.80mg/L,TN 为 2.38～9.92mg/L。大雨降雨径流监测污染物浓度范围 SS 为 15.00～803.33mg/L,COD 为 22.00～655.00mg/L,NH_3-N 为 2.01～16.00mg/L,TP 为 0.34～3.57mg/L,TN 为 4.74～21.74mg/L。污染物指标的 EMC 浓度均超过Ⅳ类水质标准,SS 指标 EMC 浓度值均超出城镇污水处理厂二级排放标准。

2. 排口污染物贡献率

生活污水污染负荷对合流制系统污染负荷的贡献率分别为:中雨 80.00%左右,大雨 15.00%左右,暴雨 20.00%左右,平均贡献率中雨>暴雨>大雨。下垫面污染负荷对分流制系统污染负荷的贡献率分别为:中雨 30.00%左右,大雨 80.00%左右,暴雨 90.00%左右,平均贡献率大雨>暴雨>中雨。

3. 降雨径流污染控制方案

参考《北京市东城区海绵城市专项规划》制定东城区降雨径流污染控制方案。以北京市东城区海绵城市专项规划中年径流污染削减率 30%为标准,计算降雨场次的径流累积量、累积降雨量,以及污染削减率达标时,需控制的径流体积。针对下垫面不透水面积比例约为 60%左右,下垫面中绿地、建筑、道路所占比例约为 35%、30%、35%的老城区,根据不同的降雨类型制定管控方案,管控方案主要分为源头管控方案和末端管控方案。

源头管控方案主要考虑海绵设施,根据东城区胡同地区、政府机关地区、学校地区、公园地区、建筑小区等海绵设施类型,针对不同地区特点建造相应的海绵设施。当只采取源头控制方案时,对于雨水口,小雨、中雨和大雨,源头控制设施分别需要控制 5mm、8mm、23mm 的降雨量,对于合流口,中雨和大雨,源头控制设施分别需要控制 14mm、23mm 的降雨量。末端管控方案主要考虑在排口上游设置截流设施,修建调蓄池,对于雨水口,小雨、中雨和大雨,分别截取降雨初期 $25m^3$、$35m^3$、$150m^3$ 的径流量,对于合流口,中雨和大雨,分别截取降雨初期 $305m^3$、$1650m^3$ 的径流量,将截取的初期雨水送至污水处理厂,经处理后再排放入受纳水体。老城区可根据自身地理位置、气候条件、径流污染程度,不同雨型的降雨频次和经济情况等因素,综合选择源头和末端控制方案。

参 考 文 献

[1] 白永亮，石磊. 美国水污染治理的模式选择、政策过程及其对我国的启示［J］. 人民珠江，2016，37（4）：84-88.

[2] 曹利平，王晓燕. 美国水质管理政策法规变化及其启示［J］. 保定师范专科学校学报. 2003（4）：34-38.

[3] 常晓栋，徐宗学，赵刚，等. 基于Sobol方法的SWMM模型参数敏感性分析［J］. 水力发电学报，2018，37（3）：59-68.

[4] 车伍，葛裕坤，唐磊，等. 我国城市排水（雨水）防涝综合规划剖析［J］. 中国给水排水，2016，32（10）：15-21.

[5] 陈邦伟. 浅谈截流倍数提高对已建污水系统的影响［J］. 建筑工程技术与设计. 2016（28）：1743.

[6] 陈纳新. 赣州市中心城区排水系统可行性研究［D］. 赣州：江西理工大学，2011.

[7] 陈晓燕，张娜，吴芳芳，等. 雨洪管理模型SWMM的原理、参数和应用［J］. 中国给水排水，2013，29（4）：4-7.

[8] 陈勇民. 承压式合流制溢流深井淤积及清淤技术研究［D］. 杭州：浙江大学，2011.

[9] 城汉京. 城市雨水径流污染特征及排水系统模拟优化研究［D］. 上海：复旦大学，2013.

[10] 程熙，车伍，唐磊，等. 美国合流制溢流控制规划及其发展历程剖析［J］. 中国给水排水. 2017，33（6）：7-12.

[11] 笪健. 城市排水系统选型设计分析［J］. 城市建设理论研究. 2011（26）.

[12] 单斐. 浅析城市雨水管道的管理与维护［J］. 四川建材. 2017，43（10）：206-207.

[13] 邓培德. 雨水调节池容积的新计算［J］. 土木工程学报，1960（3）：62-68.

[14] 董春玲. 浅析城市排水体制的选择［J］. 黑龙江科技信息，2008（32）：246.

[15] 段晓涵，郑志宏，赵飞. 基于海绵城市理念的低影响开发设施应用研究［J］. 科技创新与应用. 2019（1）：25-27.

[16] 高郑娟，孙朝霞，贾海峰. 旋流分离技术在雨水径流和合流制溢流污染控制中的应用进展［J］. 建设科技. 2019（Z1）：96-100.

[17] 宫永伟，傅涵杰，印定坤，等. 降雨特征对低影响开发停车场径流控制效果的影响［J］. 中国给水排水. 2018，34（11）：119-125.

[18] 汉京超，王红武，刘燕，等. 城市合流制管道溢流污染削减措施的优化选择［J］. 中国给水排水，2014，30（22）：50-54.

[19] 何佩瑀，谭琼. 调蓄池在城市雨水管理中的应用［J］. 四川建材. 2012，38（5）：175-176.

[20] 黄金良，杜鹏飞，何万谦，等. 城市降雨径流模型的参数局部灵敏度分析［J］. 中国环境科学，2007（4）：549-553

[21] 黄田. 组合式污水处理工艺设计与运行研究［D］. 武汉：湖北大学，2008.

[22] 解北华. 城市排水体制的选择与探讨［J］. 安徽建筑. 2014，21（4）：208-210.

[23] 寇宏献. 城市排水系统选择及其设施研究［D］. 郑州：华北水利水电大学，2007.

[24] 赖江华. 浅析我国城镇排水体制现状及选择［J］. 低碳世界. 2015（33）：169-170.

[25] 李春林，胡远满，刘淼，等. SWMM模型参数局部灵敏度分析［J］. 生态学杂志，2014，33（4）：1076-1081.

[26] 李春林，刘淼，胡远满，等. 基于暴雨径流管理模型（SWMM）的海绵城市低影响开发措施控制效果模拟 [J]. 应用生态学报，2017，28（8）：2405-2412.
[27] 李贺，李田. 上海中心城区合流制排水系统雨天溢流水质研究 [J]. 中国给水排水，2009，25（3）：80-84.
[28] 李立青，朱仁肖，尹澄清. 合流制排水系统溢流污染水量、水质分级控制方案 [J]. 中国给水排水，2010，26（18）：9-12，30.
[29] 李思远. 合流制管网污水溢流污染特征及其控制技术研究 [D]. 北京：清华大学，2015.
[30] 李雨霏. 河网地区高密度建成区域截流调蓄系统优化方法研究 [D]. 哈尔滨：哈尔滨工业大学，2017.
[31] 厉青. 国内合流管网现状分析及污染物减排对策研究 [D]. 镇江：江苏大学，2012.
[32] 刘保生. 浅谈截流倍数 [J]. 甘肃科技. 2006（12）：182-185.
[33] 刘翠云，车伍，董朝阳. 分流制雨水与合流制溢流水质的比较 [J]. 给水排水，2007，33（4）：51-55.
[34] 刘凡. 以削减城市径流负荷为目标的人工湿地系统设计与研究 [D]. 成都：西南交通大学，2015.
[35] 柳林，陈振楼，张秋卓，等. 城市混合截污管网溢流污水防控技术进展 [J]. 华东师范大学学报（自然科学版），2011（1）：63-72.
[36] 柳士伟，孙程. 浅议合流制管道溢流污染的控制对策 [J]. 城市建设理论研究. 2011（24）.
[37] 罗玉婷. 海绵城市背景下老城区低影响开发 LID 雨水管理措施研究 [D]. 合肥：合肥工业大学，2018.
[38] 马洪涛，付征垚，王军. 大型城市排水防涝系统快速评估模型构建方法及其应用 [J]. 给水排水，2014，50（9）：39-42.
[39] 马晓君，王凯. 城市排水系统体制改造问题的探讨 [J]. 中华建设. 2012（2）：106-107.
[40] 梅超，刘家宏，王浩，等. SWMM 原理解析与应用展望 [J]. 水利水电技术，2017，48（5）：33-42.
[41] 潘国庆. 不同排水体制的污染负荷及控制措施研究 [D]. 北京：北京建筑工程学院，2008.
[42] 彭盛. 浅谈宅院排水管道的养护 [J]. 房地产导刊. 2014（10）：354.
[43] 尚蕊玲，王华，黄宁俊，等. 城市新区低影响开发措施的效果模拟与评价 [J]. 中国给水排水，2016，32（11）：141-146.
[44] 施祖辉，胡艳飞. 调蓄池在合流制污水系统中的应用 [J]. 给水排水. 2008，34（7）：43-45.
[45] 宋瑞宁，宫永伟，李俊奇，等. 汇水区节点选取对城市雨洪模拟结果的影响 [J]. 水利水电科技进展，2015，35（3）：75-79.
[46] 孙樱珊. 基于 Mike Urban 模型的北京市老城区合流制溢流污染控制研究 [D]. 北京：北京交通大学，2018.
[47] 唐磊，车伍，赵杨，等. 合流制溢流污染控制系统决策 [J]. 给水排水，2012，38（7）：28-34.
[48] 唐磊，车伍，赵杨. 基于低影响开发的合流制溢流污染控制策略研究 [J]. 给水排水. 2013，49（8）：47-51.
[49] 唐磊. 合流制改造及溢流污染控制技术与策略研究 [D]. 北京：北京建筑大学，2013.
[50] 王家卓，胡应均，张春洋，等. 对我国合流制排水系统及其溢流污染控制的思考 [J]. 环境保护. 2018，46（17）：14-19.
[51] 王建龙，黄涛，张萍萍，等. 基于道路调节的合流制溢流污染控制可行性分析 [J]. 中国给水排水，2016，32（4）：7-12.
[52] 王欢欢. “智慧排水”信息化运营管理实践 [J]. 中国建设信息化，2017（3）：26-28.
[53] 王文亮. 基于多目标的城市雨水系统构建技术与策略研究 [D]. 北京：中国地质大学，2015.
[54] 王滢芝，赵旭雯. 人工湿地污水处理问题讨论 [J]. 水工业市场. 2011（10）：5-27.

[55] 王宇尧. 重庆地区合流制排水区域污水主干管截流倍数的选择 [J]. 给水排水，2010，36 (11)：36-39.

[56] 吴献平. 雨水调蓄池内涝防治设计计算方法研究 [D]. 北京：北京工业大学，2017.

[57] 向晨瑶，刘家宏，邵薇薇，等. 海绵小区削峰减洪效率对降雨特征的响应 [J]. 水利水电技术，2017，48 (6)：7-12.

[58] 向鹏. 福州市城市水网智能联合调度研究与实践 [J]. 高科技与产业化，2022，28 (5)：36-39.

[59] 徐一茗. 合流制管道溢流的影响因素及其污染治理措施 [J]. 山西建筑. 2010，36 (34)：170-172.

[60] 徐祖信. 上海城市水环境质量改善历程与面临的挑战 [J]. 环境污染与防治，2009，31 (12)：8-11.

[61] 杨桦. 浅析低影响开发理论体系及其在北京的应用 [D]. 北京：北京林业大学，2014.

[62] 杨雪. 基于 SWMM 模型的合流制溢流污染研究及控制 [D]. 北京：北京建筑工程学院，2008.

[63] 于博维. 中美水污染防治法比较研究 [D]. 北京：中国地质大学，2014.

[64] 张辰. 合流制排水系统溢流调蓄技术研究及应用实例分析 [J]. 城市道桥与防洪，2006 (5)：1-4.

[65] 张港，刘云. 市政排水管道管理维护的几点探讨 [J]. 科技致富向导. 2013 (5)：200.

[66] 张建光. 对城市排水管道清通养护方法的探讨 [J]. 城市建设理论研究. 2013 (21).

[67] 张建云，王银堂，胡庆芳，等. 海绵城市建设有关问题讨论 [J]. 水科学进展，2016，27 (6)：793-799.

[68] 张杰. 合流制排水系统雨天溢流污染控制及优化调度研究 [D]. 天津：天津大学，2012.

[69] 张力. 城市合流制排水系统调蓄设施计算方法研究 [J]. 城市道桥与防洪. 2010 (2)：130-133.

[70] 张曼，周可可，张婷，等. 城市典型 LID 措施水文效应及雨洪控制效果分析 [J]. 水力发电学报，2019，38 (5)：57-71.

[71] 张颖，李田. LID 措施降低老城区合流制溢流污染的模拟研究 [J]. 中国给水排水. 2016，32 (11)：127-131.

[72] 张玉鹏. 基于雨水管理理念的城市排水规划研究 [D]. 合肥：合肥工业大学，2013.

[73] 章林伟. 中国海绵城市建设与实践 [J]. 给水排水，2018，54 (11)：1-5.

[74] 赵冬泉，陈吉宁，佟庆远，等. 子汇水区的划分对 SWMM 模拟结果的影响研究 [J]. 环境保护，2008，4 (8)：56-59.

[75] 赵冬泉，陈吉宁，王浩正，等. 城市降雨径流污染模拟的水质参数局部灵敏度分析 [J]. 环境科学学报，2009，29 (6)：1170-1177.

[76] 赵冬泉，董鲁燕，王浩正，等. 降雨径流连续模拟参数全局灵敏性分析 [J]. 环境科学学报，2011，31 (4)：717-723.

[77] 赵泽坤，车伍，赵杨，等. 中美合流制溢流污染控制概要比较 [J]. 给水排水. 2018，54 (11)：128-134.

[78] 赵泽坤，车伍，赵杨，等. 美国合流制溢流污染控制灰绿设施结合的经验 [J]. 中国给水排水，2018，34 (20)：36-41.

[79] 赵泽坤. 基于灰色与绿色设施效益评估的合流制溢流污染控制策略研究 [D]. 北京：北京建筑大学，2018.

[80] 郑春华，翁献明，姜恺，等. 温州市从“数字排水”到“智慧排水”的思考与实践 [J]. 中国给水排水，2017，33 (12)：30-35.

[81] 朱婧. 美国水污染防治制度中的启示 [J]. 人民司法（应用）. 2017 (25)：105-111.

[82] 朱军俊. 论城市排水管道养护管理技术 [J]. 江西建材. 2015 (21)：273-275.

[83] 朱理铭，李钏. 广州市雨水调蓄池规划技术研究 [J]. 中国给水排水，2010，26 (18)：46-49.

[84] 朱乃轩，车伍，张伟，等. 美国城市建成区雨水系统改造经验分析 [J]. 中国给水排水. 2017，33 (20)：5-10.

[85] Alida A, Arlex S, Zoran V, et al. Evolutionary and Holistic Assessment of Green - Grey Infrastructure for CSO Reduction [J]. Water, 2016, 8 (9): 402 - 417.

[86] Cohen J P, Field R, Tafuri A N, et al. Cost Comparison of Conventional Gray Combined Sewer Overflow Control Infrastructure versus a Green/Gray Combination [J]. Journal of Irrigation & Drainage Engineering, 2012, 138 (6): 534 - 540.

[87] Cook Michael B. U. S. EPA Office of Wastewater Management: Coping with Wet Weather [J]. Proceedings of the Water Environment Federation, 2001, 2001 (15): 676 - 685.

[88] Eustache Gooré Bi, Frédéric Monette, Gachon P, et al. Quantitative and qualitative assessment of the impact of climate change on a combined sewer overflow and its receiving water body [J]. Environmental Science & Pollution Research, 2015, 22 (15): 11905 - 11921.

[89] Freni G, Mannina G, Viviani G. Urban storm - water quality management: centralized versus source control [J]. Journal of Water Resources Planning & Management, 2010, 136 (2): 268 - 278.

[90] J. Gasperi, M. C. Gromaire, M. Kafir, et al. Contributions of wastewater, runoff and sewer deposit erosion to wet weather pollutant loads in combined sewer systems [J]. Water Research, 2010, 44 (20): 5875 - 5886.

[91] R. T. Hanson, M. W. Newhouse, M. D. Dettinger. A methodology to assess relations between climatic variability and variations in hydrologic time series in the southwestern United States [J]. Journal of Hydrology, 2004, 287: 252 - 269.

[92] Heffernan T, White S, Krechmer T, et al. Green Stormwater Infrastructure Monitoring of Philadelphia's Green City, Clean Waters Program: World Environmental and Water Resources Congress, 2016 [C].

[93] Holeton Claire, Chamberspatricia A, GraceLaura. Wastewater release and its impacts on Canadian waters [J]. Canadian Journal of Fisheries & Aquatic Sciences, 2011, 68 (10): 1836 - 1859.

[94] Hopkins Kristina G, Bhaskar Aditi S, Woznicki Sean A, et al. Changes in event - based streamflow magnitude and timing after suburban development with infiltration - based stormwater management. [J] . Hydrological Processes, 2020. 34 (2): 387 - 403.

[95] House, M. A. , Ellis, et al. 1993. Urban drainage - impacts on receiving water quality [J] . Water Sci. Technol, 27 (12): 117 - 158.

[96] Jones R N, Chiew F, Boughton W C, et al. Estimating the sensitivity of mean annual runoff to climate change using selected hydrological models [J]. Advances in Water Resources, 2006, 29: 1419 - 1429.

[97] Lucas W C, Sample D J. Reducing combined sewer overflows by using outlet controls for Green Stormwater Infrastructure: Case study in Richmond, Virginia [J]. Journal of Hydrology, 2015, 520: 473 - 488.

[98] Nguyen T T, Ngo H H, Guo W, et al. Implementation of a specific urban water management - Sponge City [J]. Science of the Total Environment, 2019, 652: 147 - 162.

[99] Zhang W, Che W, Liu D K, et al. Characterization of runoff from various urban catchments at different spatial scales in Beijing, China [J]. Water Science & Technology, 2012, 66 (1): 21 - 27.